践行绿色发展 服务绿色生活

——园林绿化科学发展指南

住房和城乡建设部城市建设司　编著

中国建筑工业出版社

编辑委员会

序

　　绿水青山就是金山银山。党的十八大以来，以习近平同志为核心的党中央，站在中华民族伟大复兴中国梦的战略高度和历史维度，将生态文明建设纳入中国特色社会主义"五位一体"总体布局，提出了一系列生态文明建设的新思想新论断新要求，将生态文明建设推向了新的高度。园林绿化作为极富生命力的城市基础设施，是推动城市绿色发展、服务城市绿色生活的重要内容，是打造宜居宜业宜游美好城市的必然要求，更是落实生态文明建设要求、建设美丽中国的重要抓手。

　　新中国成立特别是改革开放以来，我国园林绿化事业蓬勃发展，园林绿地布局日趋合理、数量大幅增长、质量明显提升，城市山体、水体、废弃地等生态修复与再利用方面也取得了显著成效，在服务市民生活、美化城市面貌、改善生态环境等方面，发挥了重要作用。截至2016年底，全国城市建成区绿地率达到36.43%，绿化覆盖率40.30%；城市公园达到15370个，人均公园绿地面积13.70平方米，服务半径覆盖率达80.6%；已建成城市绿道2.09万公里。

　　2015年12月，中央城市工作会议在京召开。这次会议是我国城市发展史上的一个里程碑，它指明了今后一段时期城市发展的方向，也吹响了城市发展的新号角。习近平同志在会上指出，要统筹生产、生活、生态三大布局，提高城市发展的宜居性。

　　为深入贯彻落实党中央国务院关于生态文明建设的部署要求，顺利实施

《国家"十三五"时期城镇园林绿化发展规划》，加快促进城市宜居水平提升，我部组织一批长期从事园林绿化规划建设管理工作的领导干部、专家学者，坚持问题导向和需求指引，编撰了本书。这本书以图文并茂的形式，总结成功的经验，分析存在的问题，探索未来发展的方向，相信会对新形势下园林绿化事业的发展有所裨益。

希望本书能成为园林绿化行业各级领导干部和技术管理人员，尤其是新入行的园林绿化行业主管部门领导干部的绿色助手。让我们携起手来，为推进园林绿化事业可持续发展，为建设美丽中国、实现中华民族伟大复兴的中国梦而共同奋斗。

住房和城乡建设部副部长　倪虹

2017 年 8 月 30 日

目 录

四、园林设计 … 85

（一）总则 … 87

（二）理念及做法 … 87

1．通用性要求 … 87

一、引言

园林绿化，其因追求诗意的栖居而产生，并且由过去的"前人栽树、后人乘凉"，逐步发展为城市中有生命的基础设施、城市生态载体和市民必需的室外生活空间。在当前按照政治、经济、文化、社会、生态"五位一体"总体战略布局建设有中国特色社会主义的过程中，园林绿化倍受各级领导高度重视，也越来越成为广大人民群众日益增长的物质和文化需要。

园林绿化是以营造良好生态为基本功能的城市空间要素，在发挥生态功能的同时，又兼有休闲游憩、景观营造、文化传承、科普教育、防灾避险等功能，科学发展园林绿化，是提升城市品位和功能、提高城市吸引力的必然要求和有效途径。

经过多年努力，我国城市建成区绿地率已经从20世纪90年代初的19.2%提高到目前的36.44%，人均公园绿地面积从1.78平方米提高到13.69平方米，国家园林城市创建活动更进一步推动了全国城市园林绿化水平的整体提升，城市面貌发生了巨大变化，人民群众的获得感和幸福感也因享受到了更多的绿色福利而显著提升。

在园林绿化事业飞速发展的过程中，因对园林绿化的地位、功能、公益属性等认识尚存偏差与不足，各地仍然存在需要引起高度关注和切实改善的相关问题。

编写本书，旨在全面总结改革开放以来各地城市园林绿化的成功经验和失败教训，通过解读正确案例，剖析不当做法，与大家共同探讨园林绿化的科学发展方向和规划建设管理的具体要求。力图通过案例分析，以图文形式直白表述园林绿化实践中的正确做法和错误倾向，引导各地园林绿化科学规划、合理设计、专业化精细化建管，从而促进园林绿化行业的科学持续发展。

　　希望本书能够对从事城市建设管理的党政领导、新加入园林绿化行业的主管部门领导以及园林行业广大从业人员有参考价值。愿我们共同努力推进园林绿化行业又好又快发展，践行生态文明、绿色发展理念，为建设宜居宜业宜游城市、建设美丽中国做出新的贡献！

注：绿城南宁。

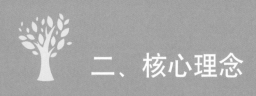

二、核心理念

（1）园林绿化是唯一有生命的城市基础设施

园林绿化是城市不可或缺的绿色基础设施之一，与其他基础设施相比的最大区别是其主要物质材料——植物具有生命。在人类活动的城镇空间里，只有园林绿化正向作用于生态，只有园林绿化是绿色的、柔性的，可以与道路、桥梁、建筑等灰色基础设施灰绿互补、刚柔并济，因此不能将园林绿化等同于一般的市政基础设施，更不能视其为可多可少、可有可无的城市元素。原国务院总理温家宝明确指出：园林绿化是城市唯一具有生命力的基础设施。习近平总书记要求各地多种树、种好树、管好树，让人民群众生活环境美起来。

注：昆山市城市生态湿地公园。

（2）园林绿化是贯彻"五大理念"的重要举措

园林绿化是"绿色"发展最重要的载体，是城市生态的基石，担负着维护城市生态环境、提高人居生活质量、弘扬优秀传统文化、融合世界先进理念的重任，是建设美丽家园、美丽中国的核心内容。贯彻"五大发展理念"的过程中，涉及园林绿化工作的政府决策有两大根本问题：一是土地，二是投入。合理地划定城市生态空间、生态红线，确保城市园林绿化用地比例和布局科学合理；在国民收入分配中保证足够的园林绿化资金，都是"五大理念"落到实处的重要举措。

注：苏州市的绿化大观。

（3）园林绿化的第一要义是生态优先

人类是从自然中走来的，亲近自然是人的天性。人类创造了城市，但城市的产生隔断了人与自然的联系，所以人们要在城市中种植植物来营造"自然"，这就是城市园林绿化产生和存在的根本原因。随着历史的发展，园林绿化在生态本质功能的基础上，又派生出景观、文化、游憩等多种功能，但是万变不离其宗，无论时空怎样变化，园林绿化必须始终坚持生态优先的第一要义和本质要求。坚持生态优先，就要以植物景观为主营造城市中的"自然"。各类绿地中贯彻植物多样性原则并使植物健康自然生长，保持良好的生存状态，才是实现园林绿化休闲、游憩、文化等功能的前提和基础。"皮之不存，毛将焉附"，切忌盲目建设大广场、大草坪、大喷泉等贪大求洋的人工景观，追求所谓的高大上而使绿地生态功能、景观价值等大大降低的行为是不可取的。

注：寿光市仓圣公园。

（4）园林绿化的根本目的是为人服务

城市是人类聚居的地方，园林绿化伴随着城市存在，所以园林绿化的本质是营造良好的人居环境，要以为人服务为根本出发点和落脚点。园林绿地已经成为人们工作、居住场所之外的"第三生活空间"。基于这一点，园林绿地的结构布局不能按照个人主观意愿安排，而是要从为市民服务的良好环境出发；园林绿地规划设计不是设计师表现自我的画布，而应当是体现市民需求的空间；园林绿化也不应当成为城市形象工程的载体，而应当是市民公平享有的绿色福祉。当前有些城市绿地的规划建设，不是从有利于为市民服务的角度出发，而是从形象工程的要求出发，绿地建在远离城市居民生活区的地方，城市公园绿地服务半径覆盖率不达标，市民不能就近享有公园绿地；一些城市公园绿地的设计尺度缺乏人性化，不考虑为游人遮阳，不考虑为市民营造舒适出行的环境等，而是做一些华而不实、没有实用功能的人工景观（大喷泉、大广场、大草坪、大的模纹色块等），这些都与园林绿化的根本目的大相径庭。

注：徐州市市民在公园晨练。

注：杭州市花港观鱼公园。

（5）园林绿化是科学与艺术相结合的综合学科

园林绿化以城乡规划学、生态学、生物学、植物学、土壤学、园艺学、建筑学和美学为内核，广泛融合地理学、地质学、测绘学、林学、文学、历史学、社会学、管理学、环境科学、信息科学等理论和技术，是一门建立在自然科学和人文艺术科学基础上的综合性应用学科。因此，审查、决策园林绿化规划建设管理方案时，应充分尊重业内专家和园林绿化主管部门的意见，必要时需进行专家论证、听证。如行道树树种更换、公园绿地内增设游乐、健身设施与场地等。

注：杭州市花港观鱼公园。

（6）园林绿化不能简单等同于植树造林

园林绿化和林业的主要物质材料都是植物，在城乡统筹的大背景下，都具有保护和修复生态环境的功能。只是除了生态环保外，园林绿化还承担景观营造、休闲游憩、文化传承、科普教育、防灾避险等多种功能，其用地属性、空间范围、规划建设管理法规制度和技术标准规范等均与林业有着较大差异，不能简单混为一谈，更不能认为郊区造林面积增加就能解决城市生态环境问题和城镇居民生产、生活环境（人居环境）问题。园林绿化不同于林业主要在于以下方面。

第一，园林绿化与林业的基本属性不同。园林绿化是城镇中唯一有生命力的基础设施，是为城乡居民服务的公共产品，是重要的社会公益事业，是政府实施城乡建设与管理的重要职责。园林绿化与建筑、道路、市政、环卫、给排水等所有其他城镇基本要素一样，是城乡规划与建设不可分割的组成部分。林业是以森林生态系统为经营对象的产业，以发挥森林生态系统的生态、经济功能为目的的经济部门，其建设和发展是以市场为主要调节杠杆的。

第二，园林绿化与林业的学科内涵不同。园林是一门保持和创造人与其周围的自然世界和谐关系的艺术学科，是包含游憩、文化、审美、生态的综合科学，是以社会、生态和艺术为核心的。林业则是研究森林（包括防护林、用材林、薪炭林、特种用材林、经济林和竹林五大类）培育、保护、经营和合理开发利用的应用科学，经济和生态是其核心。

第三，园林绿化与林业的发展目标不同。园林绿化作为城镇中唯一有生命力的基础设施，不是简单的植树造林，应按照城镇总体发展规划来进行规划、设计，将乔、灌、草各类植物立体布局，合理搭配，并通过山、水、树木花草、亭台楼阁等园林要素来创造意境，来表达思想和情感，体现文化、艺术、历史、人文、地理等内涵，在改善人居环境的同时，给城乡居民以美的享受和自然情操的陶冶。同时，园林绿化是改善城镇生态环境的主要载体，因为园林绿地具有吸收各类污染物、吸尘降噪、防风固沙、净化空气、吸热降温、减缓热岛效应、涵水防涝等生态功能。相较于植树造林，园林绿化更注重人的主观体验，生态价值之外亦注重人文、艺术价值，追求的是城镇道路、建筑等基础设施与自然、人之间的和谐，力求达到"虽由人作，宛自天开"的境界。园林绿地除碳汇等生态价值之外的综合价值无法量化评估。

林业是在保护原有森林资源的同时植树造林，增加国土森林覆盖率，生产木材等林副产品，追求的是森林经济效益和生态功能（保持水土、涵养水源、改善气候等）的最大化。作为一个绿色产业，林业的首要任务是增加国土森林覆盖率，其价值大多可以通过碳汇等进行量化评价。

第四，园林绿化与林业的管理模式不同。园林绿化是城乡规划、建设和管理的重要组成部分，《城乡规划法》明确规定绿化用地和绿地系统规划应当作为城市总体规划的强制性内容，要求园林绿化要先规划后建设，并与城市建筑风格、城市路网、城市环境、城市规划相配套，充分体现公益性、社会性和地方特色，城乡绿化用地性质不可擅自变更。园林绿化依城市绿地系统规划来建设，而且作为重要的绿色生态基础设施，其建设与维护管理经费由各级地方财政负责。园林绿化需要专业化精细化管理。林业建设管理更多的是以山地、郊野造林绿化为主，其经费来源于国家专项资金和市场经营。林业涉及整个国土范围，其管理是大尺度的，如飞播造林等。

注：苏州市拙政园。

注：北京市紫竹院公园。

（7）园林绿化的文化表达应精准适度

　　中国园林文化博大精深，其精髓是"师法自然"，追求的最高境界就是"虽由人作，宛自天开"。园林文化的表达讲究因地制宜，依山就势、高低错落，巧于因借、小中见大，有收有放、曲径通幽，有虚有实，闹中取静……尤其要通过乡土植物应用、地域历史文化的挖掘与表现，彰显地域特色和时代精神，恰到好处地营造回归自然、净化心灵、陶冶情操的场所。避免强加于人、千篇一律、粗制滥造、肤浅苍白的"文化"符号或标签。

注：昆山市亭林园。

（8）保护园林绿化成果是生态保护和城市可持续发展的基本要求

"前人栽树，后人乘凉"是中华民族的传统美德，也是生态文明理念的核心体现。保护就是最大的节约，保护是更好更快发展的基础，园林绿化应遵循的最基本原则就是尊重自然、生态优先、保护优先。因此在城市建设和区域改造中，是否保护绿水青山、绿地空间、古树大树等园林绿化成果，是考验和衡量城市领导者、决策者价值取向的试金石。

注：珠海市拱北湾。

注：深圳市红树林自然保护区。

（9）园林绿化是一个从设计到施工、管养全生命周期的艺术创作过程

园林绿化是以植物为主要材料的艺术营造活动。所以园林绿化工程与其他市政工程的根本区别，就是不可能一锤定音、一劳永逸。植物是有生命的，是生长变化的，每一棵树木花草都有各自不同的形态，设计师不可能事先画出每棵树的形态，也不可能画出叠石堆山所需的每一块山石形态、大小、高矮等。即使是在现代高度智能化辅助设计手段的支持下，也不可能做到交图完工。因此，园林绿化建设过程中的现场再创作十分重要（当然工程变更要控制在允许的范围内）。

工程建设完成之后的园林绿地植物还是生长变化的，不同植物生长快慢不同，同一植物季相有变化，其形态与周边环境的视觉关系等不断发生变化，需要不断进行修剪、疏移、补植等调整，要求"三分建七分管"，这是园林绿化应当遵循的重要原则，也是园林绿化工程与其他类型的建设工程的本质区别所在。江南园林之所以享誉世界，就是因为它们的主人一生都在用心打磨雕琢，最后才有拙政园、留园等传世精品园林。对于园林而言，多一根树枝则冗繁，少一块山石则空旷。现代园林虽然不同于传统园林，但是传统园林的造园精神应当继承并发扬光大。现实中有些地方没有认识到园林绿化的这个特殊秉性，设计、施工只靠招投标，没有做到在现场施工过程中根据所选购的苗木大小、高矮、形态、习性等，结合种植环境及周边环境来进行现场调整和再创作再完善；不重视园林绿化工程竣工后的养护管理，养护经费投入严重不足，养护人员缺乏基本的专业素质，园林绿化主管部门指导监督不到位：这些都使城市园林绿化效果大打折扣。

（10）郊区植树造林不能替代城区园林绿化

城市绿地是居民休闲、娱乐、健身、文化教育和防灾避险等的重要区域，是与城市建筑、道路、桥梁等硬质市政设施相辅相成、相得益彰的绿色基础设施。城郊林地对于改善城市以及城市之间大的生态环境十分有益而必要，但与城市绿地不可互相替代。一是城市周边的大环境解决不了市区局部小环境中突出存在的问题，如雾霾、城市热岛、黑臭水体、交通拥堵等。二是城市绿地贴近生活，居民就近走进绿地、享受舒适宜人的自然环境才能最直接地提高幸福指数，尤其是老人孩子几乎每天都要到就近的公园、游园、绿地广场等健身、游憩。远处的森林只有节假日和交通便利的条件下才能为市民享用。三是市区园林绿地对于提升城市景观品质来说发挥着不可或缺的作用，它可以用富有生命的绿色降低水泥森林带来的压抑感，是城市的绿色衣裙。一些地方认为，城区绿地无关紧要，着力于在郊区种树造林，认为此便可改善城市生态环境，结果是城市森林覆盖率提高了，但居民、百姓出门见绿依然难，特别是一些老城区，连一个公园都没有，一些老街区连一棵树都难以见到，根本谈不上绿色福利均等化，谈不上城市人居生态环境整体改善。正确的做法是按照党中央国务院要求，合理规划建设城市绿地系统，并与城市外围的山水林田湖等生态用地有效连接，形成功能互补的生态网络体系。

（11）城市园林绿地均好分布是绿色福利均等化的基本要求

城市居民特别是老人和孩子，户外活动最主要的场所就是居家附近的公园、游园、绿地广场等。城市居民步行、骑车最想要的就是春有花、夏有荫、秋有色、冬有阳光的舒适道路（林荫路），城里的上班族最希望的就是单位庭院像公园一样花木繁茂。

远在城外的林地甚至森林虽然具有重要的生态环保功能，但无法替代城区绿地，无法满足老百姓就近享受绿色福利的根本需求。此外，也无法替代城市绿地中园林植物的吸尘、降噪、吸霾、调节雨洪等生态功能，因此，建设好城市大生态环境的同时，必须重视中心城区、老城区、老旧小区的增绿和绿地提质增效工作，不能因为土地资源紧张及开发建设需要，而占用老百姓身边绿地或者把城区绿地置换到郊区。

注：南京市老居住区街区绿化。

（12）园林绿化必须坚持"因地制宜、适地适树"的原则

园林绿化始终要以植物造景为主，坚持"因地制宜、适地适树"的原则，按照已编制的绿地系统规划和树种规划来选择园林绿化植物。物竞天择，乡土植物是经过长期自然竞争、淘汰而保留下来的优秀植物种类，是最适应当地土壤、气候等环境，在当地表现最好的，也最能代表地域特色。如，北京的银杏、白蜡，重庆的黄葛树，南京的法桐，长江流域的香樟、桂花，海南的椰树等等。

植物没有高低贵贱之分，适应生长、形态表现最自然、养护管理成本最低的就是最好的。园林绿化切忌以个人的好恶确定树种，更不能由长官意志决定。不然，植物会以死亡来做无声的反抗。有些地方领导非常重视园林绿化工作，甚至亲自指定每一条路的行道树树种，或者将原有生长很好的树种调成自己喜好的树种，亲自决策每一个园林绿化工程的设计方案，但因为缺乏专业知识和实践经验，造成城市园林植物种类单一、行道树经常调换或不适应气候环境而生长不良甚至死亡，建成的公园绿地因诟病而拆除重建等问题，不仅劳民伤财，还错失了城市发展和品质提升的良机。

注：靖江市林荫路秋景。

注：杭州市西湖北山街秋色，法桐为行道树。

（13）园林绿化应以政府投入为主，保障其公益属性

园林绿化作为为民服务的绿色基础设施，同时承担着生态环保功能，需要政府通过公共财政全额保证其规划建设管理费用，保障其公益性，这既是保障纳税人的利益，也是造福子孙后代。当前各类众筹理念纷飞，各地都在探索通过PPP等形式引入社会资金进入园林绿化行业，但其本质还是政府购买服务，政府投入为主的本质并没有改变，只不过是改变了操作方式和建设时序。

城市绿地中的公园绿地、防护绿地、道路附属绿地、生态风景林地等主要承担社会公共服务及生态环境保护功能，必须由公共财政来承担。忽略园林绿化的公益性质，过分寄托于社会资本而非公共财政来进行园林绿化建设和管护，是本末倒置。要建立健全常态化的公共财政保障体系，将园林建设、管养维护资金列入财政预算，并建立正常的增长机制。同时，要大力倡导社会单位和个人以认建认养等捐助捐赠方式支持园林绿化事业，作为绿地建设与养护的有效补充。对于单位庭院绿地和居住区绿化建设与管理，园林绿化主管部门要切实加强指导和监管，督促科学编制绿地建设与养护经费预算，保障建设与养护管理经费的需求。

重建设轻管理的现象目前在园林绿化中仍然普遍存在。养护经费未列入财政预算，或虽有预算但不能及时足额到位，或者政府财政预算与实际项目需求差距甚远，最终导致以园养园、变相或者违规经营、降低绿地管养标准甚至干脆建而不管等现象，严重影响城市绿地建设及管养质量，损害了老百姓的绿色福利。

（14）不同权属的绿地建设管养都需要园林绿化行业指导和统筹把关

当前，各地党政领导都十分重视园林绿化工作，将园林绿化作为落实"五位一体"战略部署、改善人居生态环境、建设美丽宜居城市的主要举措和重要内容，直接参与园林绿化方案的审查决策。城市绿地分为公园绿地、附属绿地、防护绿地、生产绿地等类型，附属绿地又包含对城市生态保护和环境改善十分重要的道路绿地、滨水绿地等。同时，随着新型城镇化发展由"城市"向"城乡一体化"转变，城市居民对休闲游憩度假等生态园林产品需求的增多、要求的提高，森林公园、地质公园、水利风景公园、农业观光公园等应运而生。这些绿地的用地权属、投资主体各不相同，主管部门也各异，但其保护生态和为民服务的功能定位是一致的，因此都需要接受当地园林绿化主管部门的专业指导与监督管理，都应遵照园林绿化规划设计、施工建设和养护管理的相关标准规范，尤其是公园绿地的配套设施不能超标，管养投入应符合本地区养护管理的定额标准。

现实中有的地方缺乏相应的统筹协调工作机制，部门壁垒明显，道路绿化、河道绿化、生态修复等由不同部门组织实施，缺乏园林绿化主管部门的专业指导服务，以致建成的绿地质量粗糙，类似苗圃地、防风林地等。有的地方甚至把园林绿化行业管理职能分解到不同部门，导致无法保障园林绿化专业化精细化建设管理，致使老百姓戏言"园林没文化，城市没气质"。

注：昆山市绿地大道——绿网、路网、水网并行。

（15）管理职能健全和专业人才队伍稳定才能保障园林绿化行业可持续发展

园林绿化的文化性、艺术性和园林植物具有生命力等特殊性，决定了园林绿化要始终坚持专业化、精细化管理。重视园林管理机构的稳定和发挥园林专业人才的作用，直接关系到城市园林绿化品质的提升，也是保护管理好超过城市用地三分之一的城市绿地，使其发挥综合功能的基本保障。在干部交流轮岗已经成为组织人事工作规定动作的今天，适当保持园林绿化部门专业干部的稳定有利于城市园林绿化水平的持续提高。同时，注重发挥园林绿化部门的专业作用，支持他们在涉及园林绿化建设和管理问题时的建议，进行多部门协调配合，是保证城市环境品质提升的明智之举。现实中有的城市园林绿化部门领导频繁交流，一些长期工作在园林部门，积累了大量实践经验的专业管理领导被交流到其他领域，而一些地方的城市园林绿化部门领导几乎都来自乡镇领导或者其他部门的非园林专业干部，对班子中专业人才的需要考虑不足。新形势下，园林绿化行业的要务是合理增绿、全面提质和逐步完善提升绿地功能，这就更需要从业人员掌握一定的专业知识和技能，园林绿化专业人才的流失，必然影响城市园林绿化建设管理水平、影响园林绿化行业的科学发展。

（16）海绵城市建设首先要保护城市绿地这个最大的海绵体

城市绿地在海绵城市建设中的任务主要有两项：一是保护和恢复城市绿地应有的海绵容量；二是在各方面条件允许的前提下，扩大海绵容量，在保证绿色植物健康生长的前提下，科学、合理地容纳客水。当前全国海绵城市建设如火如荼，城市绿地本身就是城市的主要"海绵"，在海绵城市建设中起着十分重要的作用。但必须明确的是，绿地最主要的功能定位是人居环境改善、休闲游憩、文化教育等，海绵功能只是城市绿地的生态功能之一，决不能把城市绿地当作解决城市内涝问题的主要途径。另外，我国南北自然地理条件差异极大，年降水量、地表径流、地下水位高低等状况差距极大，海绵城市建设需要因地制宜，首先要做好顶层设计，切忌全国各地一个标准、一样流程，甚至简单机械地把城市绿地当成蓄洪池和下水道，把海绵绿地等同于雨水花园、植草沟、下凹式绿地。同时，要从规划设计源头上严格控制城市绿地地下空间的开发利用，要保障自然降水回渗、反补地下水，建设真正意义上的海绵城市。

（17）节约型园林绝不是低价园林

节约型园林是指导城市园林绿化建设科学发展的核心理念，其核心目的是反对过度密植，贪大求洋，种植奇花异草，建造大喷泉、大水面、大广场、硬铺装等铺张浪费现象，不能将其错误理解为少用地或投入少的低价园林，从而减少绿地面积或粗制滥造，导致园林绿地品质低劣、功能低下。节约型园林绿化应按照资源的合理与循环利用原则，在规划、设计、施工、养护等各个环节中，最大限度地节约各种资源，提高资源利用率，减少能耗。如，针对不同城市水质性、水源性缺水的情况，推广使用微喷、滴灌、渗灌、再生水利用和雨水收集利用等节水技术，探索并推广集雨型绿地建设。绿地铺装地面要使用透水透气的环保型材料，减少硬质铺装使用比例。坚持适地适树，优先使用苗圃培育的乡土植物种苗，通过科学配置，营建以乔木为骨干的乔、灌、草合理搭配的复层植物群落，减少单一草坪应用，节省建设、养护成本。推广立体绿化、林荫路建设等。

（18）提升城市形象不等于简单打造几张"景观名片"

道路绿地是城市风貌的绿色骨架，公园绿地、滨水绿地、居住区绿地、单位附属绿地等则是城市品质和形象的特色要素，只有这些有生命的赏心悦目的生态基底有特色、有品位，才能与有特色高品质的城市建筑、雕塑、道路、桥梁等协同提升城市整体形象风貌。不能以中央公园等为数寥寥的"政绩工程""代表性景观"代替包括公园绿地、防护绿地、附属绿地、生产绿地等的城市绿地系统建设。

提升城市形象与品质，应从城市设计的角度，综合把握绿色廊道、综合性公园、区域性公园及小游园、街头绿地等的功能与景观要求，确保每一处绿地都是精品园林，确保每一位城市居民都能出门见绿，就近入园，生活、工作环境美丽舒适宜人。

注：昆山市中央社区公园。昆山市注重城区每一处公园绿地的建设和管理品质，为群众提供就近享有的精品绿地。

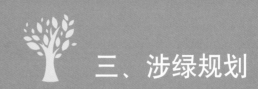

三、涉绿规划

（一）总则

绿地系统规划是城市总体规划重要的强制性内容（绿地约占到城市用地的三分之一），对一个城市的人居生态环境、形象品质和居民生活质量的提高起到至关重要的作用。城市总体规划中能否协调安排生态、生产、生活空间，能否合理安排生态空间结构并科学布局城市绿地，能否通过有效的机制确保规划绿地落到实处：直接关系到"五大发展理念"的具体贯彻执行。有些城市，因城市总体规划层面对园林绿化的战略位置和重要作用体现不足，导致园林绿化发展从根本上受到制约，从而影响了整个城市的科学发展，以下为城市总体规划涉及园林绿化方面的正确理念及做法、常见误区及后果。

（二）理念及做法

（19）城乡总体规划编制（修编）前应开展绿地空间发展专项研究

【易入误区】

目前，很多城市总体规划之前没有做相关专项研究和沟通衔接，导致总规编制部门对园林绿化专业的认识和把握深度不一，总体规划对绿地的布局、结构、功能考虑不足，园林绿地分布不均衡、结构不合理、功能不完善，不能适应城市发展需要，不能满足改善人居环境、提升百姓生活品质等需求。

【正确做法】

城乡总体规划的编制（修编）是统筹产业、居住、交通、园林绿化等各个专业的过程，园林绿化部门应主动参与规划的相关工作，先期对绿地空间发展策略进行充分研究，为城市总体规划编制（修编）提供绿地空间基础资料并加以策略引领。

1.提前做好绿地空间策略研究课题经费预算。

2.坚持问题导向和发展需求导向原则，全面梳理城市生态、景观、游憩、防灾避险等涉及绿地空间的各种问题及解决办法。

3.重视与总规编制（修编）单位的沟通衔接，为其提供绿地空间相关资料，争取在研究思路和对策上达成一致。

4.总规编制部门应当支持园林绿化部门开展绿地空间发展策略的研究，合理吸收其研究成果。

北京市园林绿化局
北京北林地景园林规划设计院
2014.7

注：在新一轮的总规修编前，申请专项经费，与总规修编单位进行有效沟通，开展了绿地空间发展策略研究，《北京市绿地空间发展策略研究》成果的重要内容全部纳入总规修编成果。

注：北京市园林绿化局与城市总体规划编制部门进行沟通的成果。

（20）城市详细规划不能随意变更甚至减少绿地

【易入误区】

现实中最常见的是以调整控规名义变更绿地性质、侵占绿地用于商业开发或将城市中心区绿地置换到城市外围，既破坏了城市整体生态空间格局，又损害了老百姓的绿色福利。

【正确做法】

控制性详细规划是城市总体规划实施的重要保障，应维护控制性详细规划中各类绿地的法定效力，确保总体规划确定的绿地指标和绿色空间结构布局在城市建设发展中得以实现。

1. 在控制性详细规划确实需要调整时，必须按法定程序审批后方可实施。

2. 绿地系统规划编制完成后应及时划定绿线并予以公示，确定绿地保护范围，标注地理坐标，对于现状绿地设立界牌界碑。对于城市重要的生态绿地、公园绿地，应严格执行城市永久性保护绿地管理制度，经人大批准确认的"永久性绿地"应及时向社会公布，设立公示界碑、标识。

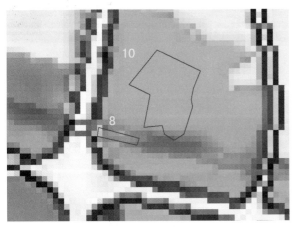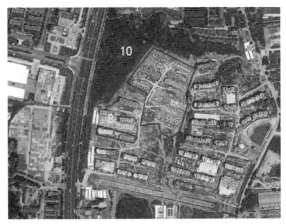

注：规划的公园绿地，被违规进行商业开发，现状是成片商业建筑。

（21）城市绿线应该依规划定并保证其法定效力

【易入误区】

误区1：对于绿线划定，一是园林部门缺乏主导性，二是缺乏财政专项资金保障。

误区2：绿线划定只是走形式，一是绿线划定成果不经过相关法定程序批准，二是不按要求在相关媒体或公共平台上公开公示，三是绿线只有示意图没有落到坐标定位上。

误区3：缺乏绿线划定后的具体保护监督管理措施，导致绿地被随意侵占，甚至故意将绿地当作解决城市建设发展中各类矛盾问题的土地储备。

注：海南省百亩红树林遭破坏，沦为高档小区垃圾场。

【正确做法】

城市绿线是指城市各类绿地范围的控制线，应依法依规划定并严格实施。

1. 划定城市绿线是《城市绿线管理办法》（建设部令第112号）的法定要求，应按照《城市绿线划定技术规范》（GB/T 51163—2016）的要求划定绿线。绿线划定应由城乡规划主管部门主导，园林绿化主管部门密切配合，城市财政为绿线划定提供经费保障。

2. 城市绿线分为现状绿线和规划绿线。现状绿线作为保护线，园林绿化部门应对现状绿地绿线划定成果进行现场核定；规划绿线作为控制线，绿线范围内必须按照规划进行绿化建设，不得改作他用。城市绿线应当纳入城市生态红线进行管理。

3. 城市现状公园绿地应当办理土地证，由城市国土资源管理部门和园林绿化管理部门共同发布现状绿地办理土地证的相关办法，将所有公共绿地按照相应法定程序向具体管理部门和单位发放土地证，并与不动产登记结合，强化绿线的法律效应。

4. 城市绿线划定后，应按法定程序经相关领导机构批准，在两种以上的媒体上进行公示（涉密区域除外），同时城乡规划主管部门应将带有四至坐标的绿线划定成果提交园林绿化部门。

注：城市绿线划定技术规范。

注：北京中心城绿线划定成果图，四至坐标清晰，每一拐点都标出坐标，便于严格管理。

注：诸暨市公园内的绿线公示牌，把公园的四至坐标图公布于众，接受公众监督，充分发挥绿线的管控作用。

注：丽江市绿线界碑和四至坐标石桩，接受公众监督，充分发挥绿线的管控作用，值得各地学习推广。

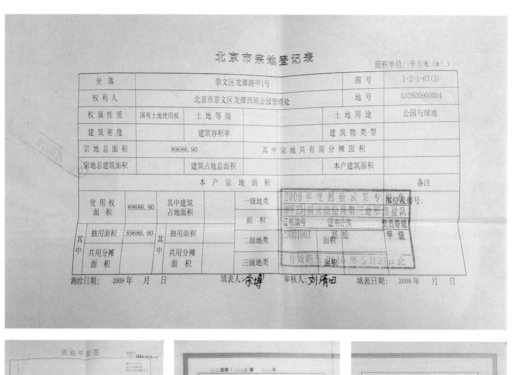

注：北京市园林绿化部门协调国土部门为绿地办理土地证，促进了绿地的严格管理。图为北京市龙潭西湖公园"土地证登记页""宗地平面图"及"宗地登记表"。该项工作在划定绿线的基础上，进一步强化了对城市绿地的依法管理。

（22）城乡规划要确保绿地总量达标且结构合理

【易入误区】

城市绿地总量不足，尤其是老旧城区绿量严重不足，且分布不均，绝大多数城市老旧城区人均公园绿地面积不达标。城市建设用地扩展速度过快，城市发展"摊大饼"现象严重，生态空间受到严重挤压，区域生态关系失调。城市规划区内绿地结构布局不合理，城市组团之间没有绿色生态隔离，结构性绿地未能发挥生态绿廊、景观视廊的作用。城市新区规划和建设过程中忽视对自然生态要素的保护，开山毁林、填河填湖、侵占湿地、围海造地现象突出，城市生态系统功能退化，雾霾、城市热岛等城市病加剧，人居环境质量低下。各大城镇群发展迅猛，大量占用区域生态空间，城市内外生态要素缺乏有效连接，山水林田湖未能形成一体化网络体系，生态孤岛效应日益显现，生境多样性严重破坏。

【正确做法】

应当遵循"五大发展理念"，合理安排产业、市政、交通、文化、人居及生态空间，保证城市绿地总量和各类绿地达标。同时，根据城市地形地貌、地理环境、气候特点以及城市规模、经济社会现状和发展目标，合理设置轴、楔、廊、带、园、环等绿地结构要素，确保绿地框架结构满足生态保护和良好人居环境建设需要，达到生态空间山清水秀、生产空间集约高效、生活空间宜居舒适的目标。

珠海市城市绿地系统规划

市域绿地规划总图

图例

公园绿地		河流防护林	
生产绿地		道路防护林	
防护绿地		湿地	
风景区		其他绿地	
郊野公园		规划城市道路	
森林公园		市界	
城市隔离带			

指北针、比例尺

N

0 1 2　5　10km

图纸编号：05

注：珠海市城市总体规划合理安排各类用地，把生态空间作为贯彻"五大发展理念"的重要体现，科学规划绿地系统，形成支撑良好生态环境和优美城市景观的结构布局，城市绿地率达到54.5%，人均公园绿地面积达到19.5平方米。

（23）见缝插绿不能代替规划建绿

【易入误区】

一些城市过度追求经济增长、追求GDP提升，对城市总体规划和绿地系统规划确定的绿地不予建设，以见缝插绿、拆违建绿等代替规划建绿，导致城市生态、生产、生活空间布局方面存在的根本问题得不到解决。

【正确做法】

园林绿化应以城市总体规划和绿地系统规划作为依据，以规划建绿作为根本抓手，以见缝插绿等作为补充形式。

1.政府应下决心拿出土地保障规划建绿，解决城市绿地系统结构和布局方面存在的缺陷，实现社会经济生态的平衡发展。

2.省级政府应依规对各地、市、县规划绿地实施率进行考核监督，强化各级领导规划建绿意识。

42

南京市城市总体规划（2007-2020）　都市区绿地系统规划图

注：南京市都市区绿地系统规划图（未修编）。

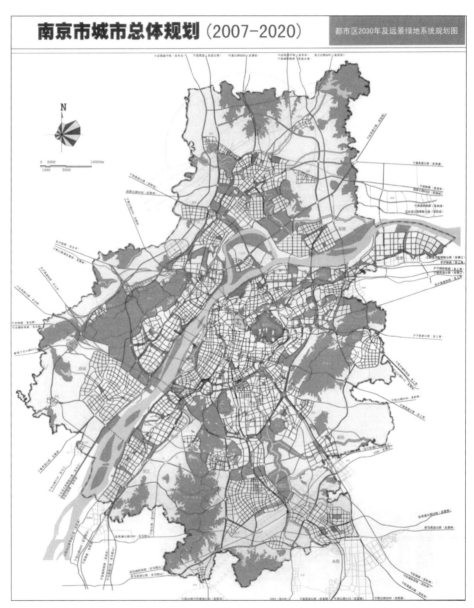

南京市城市总体规划（2007-2020）　都市区2030年及远景绿地系统规划图

注：南京市都市区绿地系统规划修编研究中按生态学原理完善绿地系统，通过规划大型生态绿地与绿廊建立合理的生境联系。

（24）城市绿地均好布局是绿色共享的基本保障

【易入误区】

误区1：一些城市片面关注城市绿化指标的总量提升，认为只要城市绿地总量达标就可，绿地的布局和各类绿地结构配比等无关紧要。

误区2：新建绿地多集中在城市新区或城外郊区，城市中心区、老城区严重缺少绿地，尤其缺少公园绿地，形成新老城区绿化美化"两极分化"，老旧城区、中心城区居民无法就近享有绿色福利的现象，违背了公共福利均等化享受的基本国策，而且城市中心区的生态环境得不到根本改善，城市形象也受到了影响。

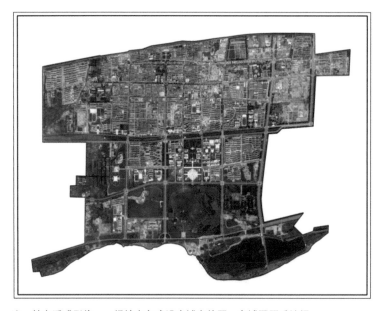

注：某市遥感影像——绿地大多建设在城市外围，老城区严重缺绿。

【正确做法】

　　城市绿地均衡分布是市民均等享受绿色福利的保障，是社会公共服务均等化的基本要求，是园林城市、生态园林城市建设的重要指标。要按照《国务院关于进一步加强城市规划建设管理工作的若干意见》中"合理规划建设广场、公园、步行道等公共活动空间，方便居民文体活动，促进居民交流。强化绿地服务居民日常活动的功能，使市民在居家附近能够见到绿地、亲近绿地"的要求，在老百姓身边建绿，能绿则绿，应绿尽绿，构建"小、多、匀"的公园体系，提高城市绿地服务半径覆盖率，实现园林绿化成果的公平享受。

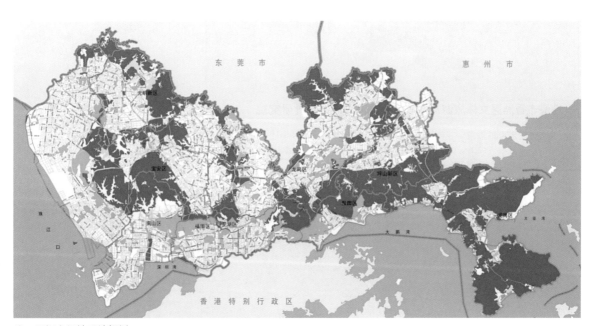

注：深圳市绿地系统规划。

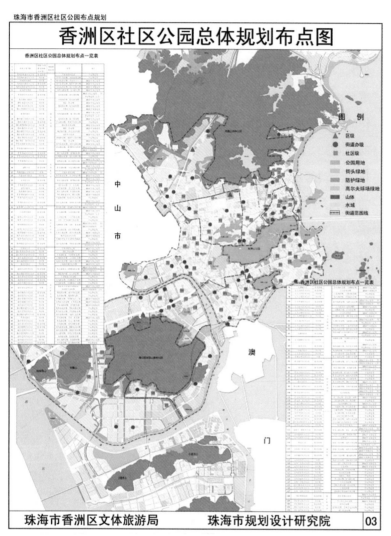

注：珠海市契合百姓需求，在市民家门口因地制宜地建成了284个社区公园，形成了"小、多、匀"的社区公园网络体系，保障市民出行500米、步行10分钟即可到达公园。

（25）提升老城区绿量和品质是最重要的惠民举措

【易入误区】

一些城市尽管关注城市绿地总量的增加，但主要通过在城市新区或城市外围建设大型绿地来解决城市总绿量不足的问题，忽视城市绿地的均衡布局和综合功能的提升，不重视老旧城区绿地建设，或因为老城区和中心城区历史欠账多、改造难度大、见效慢、社会矛盾突出等原因，回避矛盾、知难而退，忽视存量绿地的提质改造或竖向空间的立体绿化。有些城市在城市更新改造过程中，无视现有绿化成果，轻易砍伐或移植城市原有大树，造成老城区绿地不足的问题雪上加霜。

注：老城区建筑密集，绿量不足。

注：旧城中的大树被随意砍伐。

【正确做法】

增加老城区绿量和提升绿地品质是最重要的惠民措施，应充分考虑老城区用地紧张、人口密集等特点，在保护现有绿化成果的基础上，通过规划动态修编与局地改造，最大限度地增加老城区绿量，提升品质。

1. 保护原有绿化成果。想尽一切办法合理保护保留老旧城区原有绿地和大树、古树及历史悠久的行道树等，保障老百姓的绿色福利、留存"城市记忆"。

2. 积极拓展绿化空间。结合旧城改造、棚户区改造项目，通过拆迁建绿、拆违还绿、破硬增绿等形式，加强城市中心区、老城区等绿化薄弱地区的园林绿化建设和改造提升。

3. 提升老城区绿地品质，因城制宜地采用小（规模）、多（数量）、匀（布局）、精（水平）、全（功能）等手法，结合旧城改造，建设具有文化特色的公园、袖珍公园等。

4. 积极推广立体绿化。引导社区和居民推广屋顶绿化、墙体绿化、阳台绿化美化，庭院增设多种多样的种植箱种植池、花架花钵、廊架等，有效拓展绿色空间。

注：徐州市大马路双拥碑绿地，面积6700平方米。为了解决中心城老城区绿地不足的问题，通过优化城市总体规划和绿地系统规划，结合城市环境综合整治、棚户区改造、拆除违法建设等工作，将腾退的10亩（约6666.7平方米）以下的土地用于绿化。目前，市区5000平方米以上的公园达到177个，城市公园绿地500米服务半径覆盖率提高至90.8%，市民能就近享受绿化成果。

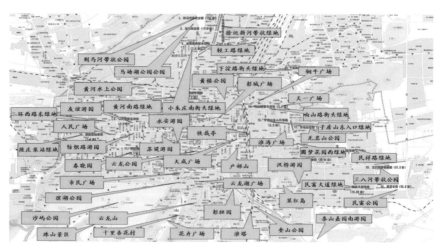

注：徐州市建成区均匀分布的公园绿地。

注：苏州市不仅做好城乡统筹、四角山水、环城水系的重大园林绿化建设工程，且高度重视城区小街小巷的见缝插绿和充分绿化，以"一盆土"要种棵树、"一锹土"也要种棵花的精神绿化每一寸土地。

（26）城市建设项目配套绿地率达标是改善人居环境的根本

【易入误区】

一些城市缺乏明确的建设项目配套绿地指标体系，有些城市偷换概念，用绿化覆盖率代替绿地率进行绿地统计，缺乏健全的绿地率达标审核审批和竣工验收机制，导致城市总体绿地率达不到规划目标，城市人居生态环境、园林景观质量都难以满足城市发展和市民需求。

【正确做法】

城市建设项目配套绿地是城市绿地系统的重要组成部分，一般占城市绿地的50%～60%，是保证城市内各种微环境质量和建设项目自身品质的基本前提。为有效发挥城市绿地的综合效益，应严格按照相应法规或者城市规划确定的绿地指标进行建设。

1.应结合城市不同特点，通过地方立法，或制定具有法定效力的规范性文件，明确各类建设项目配套绿地的各项指标要求。

2.建立严格有效的审批制度，对建设项目的规划方案，园林绿化主管部门应参与审核把关，并负责建设项目配套绿地的竣工验收以及工程质量的综合评价，确保建设项目配套绿地绿地率等指标达标、质量合格。

注：某城市小区遥感影像图——居住区绿地率不达标。

（27）道路绿化是城市景观风貌的骨架，其绿地率必须达标

【易入误区】

误区1：不认真执行落实既有的城市道路绿化规划要求，片面追求主要道路的宽阔气派，而两侧绿带过窄甚至没有。

误区2：没有统筹协调地下管线和树穴的关系，道路预留的绿化空间过小，植物根系缺乏足够的伸展空间，道路绿地植物生长不良。

误区3：道路绿地绿化设计不合理，乔、灌、草配置不合理；行道树树种选择时求新求异，忽视遮阳、耐粗放管理等基本要求，无法营造舒适安全的步行、骑车等绿色出行环境，同时道路绿化景观缺乏地域特色。

注：城市道路乔、灌、草搭配不当，行道树配置不合理，无法为行人提供遮阳，也导致绿化景观特色的缺失。

【正确做法】

城市道路绿化是城市生态系统中最重要的结构性绿地之一，具有吸尘降噪、吸收有害气体、缓解城市热岛效应、改善生态环境、展示城市形象风貌、提供舒适出行环境等作用。

1.城市道路规划应遵守《城市道路工程设计规范》CJJ 37—2012，保证符合《城市道路绿化规划与设计规范》CJJ 75—97的绿地率要求。

2.加强城市道路隔离带、机非分车带和行道树的绿化建设，增加乔木种植比率，合理选择乡土适生的行道树，达到"有路就有树，有树就有荫"的效果。

3.应妥善处理好道路铺装、地下管线和树穴的关系，为树木正常生长留出足够的空间。

4.道路景观应根据道路的走向、尺度、绿地规模及所处环境等来设计，突出道路的植物景观特色，同时注重道路景观风格的多样统一。

注：城市道路工程设计规范。

注：城市道路绿化规划与设计规范。

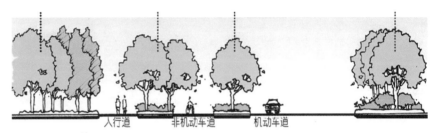

人行道　　　非机动车道　　机动车道

注：道路剖面示意图。

注：扬州市长春路——舒适合理的城市道路景观。

注：杭州市龙井路枫香行道树。

注：新疆哈密市榆树大道。

注：杭州市滨江区火炬大道——边分带与道侧绿地。

注：南京市颐和路行道树。

（28）构建城市生态网络应因地制宜，适应并促进城市发展

【易入误区】

城市生态网络规划和建设中，没有首先开展生态摸底评估，收集城市生态、物种多样性等资料，综合研究城市地域特征、自然风貌、历史文化等基础性工作，仓促上马，盲目照搬或套用国外城市的生态网络布局模式，既破坏了本土自然生态系统，又妨碍城市的未来发展。

【正确做法】

城市生态网络以城市生态廊道为纽带，将城市内部各类绿地与城郊郊野公园、湿地公园等以及城市外围散布的山林、水系、农田等有机连接起来，构建成连续而完整的网络系统，成为连接城市内外的绿色生态空间，发挥其保护自然生态、保护生物多样性、提供多样化生态产品，供市民群众游憩、休闲、健身、防灾避险等复合功能。

构建城市生态网络体系要坚持以下基本原则。

1.生态优先，保护优先。首先要保护好自然赐予的原有地形地貌、森林植被、河湖水系等自然资源，保存好祖先留下的历史文化、人文习俗等文化遗产。

2.因地制宜，统筹协调。无论宏观规划还是实操技术，无论设施设备还是植物物种，都应该是最适合（应）本地区的、能彰显地域风貌特色的。同时，要统筹考虑与周边地区、城市建设发展的和谐互补。

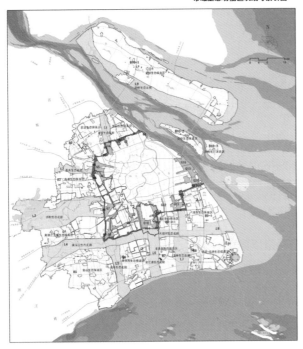

上海市基本生态网络规划
市域生态功能区块编号索引图

图例
近郊绿环
生态间隔带
生态走廊
生态保育区

注：上海市环网放射型模式，形成中心城以"环、楔、廊、园"为主体，中心城周边地区以市域绿环、生态间隔带为锚固，市域范围以生态廊道、生态保育区为基底的"环形放射状"的生态网络空间体系。

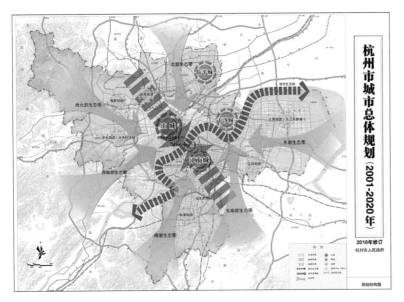

杭州市城市总体规划（2001-2020年）

2016年修订
杭州市人民政府

规划结构图

注：杭州市城市总体规划，结合"四面荷花三面柳，一城山色半城湖"的城市山水格局，建立"山、湖、城、江、田、海"的都市区生态基础网架，构筑"两环一轴生态主廊"的结构，同时配以多条次生态廊道和斑块生态绿地，形成环绕中心城区的环杭州绿地系统，共同构筑了多层次、多功能、复合型、网络状生态结构体系。

（29）编制生态修复专项规划应以生态普查与评估分析为基础

【易入误区】

误区1：为追求"政绩"，曲解生态修复的科学内涵，把园林绿化、水体水系综合整治等与生态修复画等号，堆砌一些展示设施、创意小品等，甚至过度建设硬质建筑物、构筑物，存在"概念化、符号化、创意展示化"倾向。

误区2：忽视修复场地原有立地条件，无视保护也是修复的基本原则，不管修复场地的自然环境本底条件及其演变趋势，统统推倒重来。

注：构筑物、铺装等在绿地中的应用"概念化、符号化、创意展示化"，并无实质的生态和功能价值。

注：构筑物、铺装等在绿地中的应用"概念化、符号化、创意展示化"，并无实质的生态和功能价值。

【正确做法】

生态修复专项是统筹引导、协调落实生态修复工程项目的重要手段，应以城市生态现状摸底普查和评估分析为基础，按照以下顺序进行：现状调查→问题梳理和分析→生态安全格局识别→分类分级确定实施生态修复任务的优先次序和空间区域→确定生态修复项目和坐标点位→形成生态评估报告，建立信息管理体系→编制专项规划→建立项目库。

按照住建部《关于加强生态修复城市修补工作的指导意见》（建规〔2017〕59号）和城市生态修复导则等相关技术标准规范具体实施生态修复项目的建设、评估和监督管理工作。

注：北京市通过修复丰台区建筑垃圾填埋场，建设中国国际园林博览会博览园"锦绣谷"。图为修复前后对比。

注：2010上海世博园区绿地建设场地是中国老工业基地的发源地，存在土壤侵蚀严重、水域污染、滨水岸线硬质化、巨量拆迁建筑垃圾等各类型困难问题，规划建设前期先行开展了场地本底和立地现状调查、绿地生态修复技术适宜性筛选与布局等研究及应用示范，全面支撑"绿色世博、生态世博"理念。

注：2010上海世博园区绿地建设场地是中国老工业基地的发源地，存在土壤侵蚀严重、水域污染、滨水岸线硬质化、巨量拆迁建筑垃圾等各类型困难问题，规划建设前期先行开展了场地本底和立地现状调查、绿地生态修复技术适宜性筛选与布局等研究及应用示范，全面支撑"绿色世博、生态世博"理念。

（30）城市建设和改造应合理避让古树大树

【易入误区】

在城市建设和改造过程中，各有关部门保护古树和大树的意识不强，无视古树作为活化石的珍贵价值、无视古树作为城市记忆的保护意义，在规划设计方案制定和施工放线等阶段不仅没有做到合理保护和避让，而且随意移植甚至砍伐大树古树。

注：大量大树移栽假植。

【正确做法】

古树名木和大树是城市生态环境、风貌特征、历史印记、文化传承与民众情感的重要载体，尤其是古树具有"活文物、活化石"的珍贵价值，应在城市建设和发展中予以重点保护。

1. 对古树名木依法依规严格实施保护管理。一是对城市规划区内古树名木开展全面普查，并在普查基础上统一建档立卡，确定坐标定位，明确责任单位或个人，并纳入城市规划和园林绿化信息管理系统。二是设立古树名木保护专项资金，确保保护管理专业化、精细化。

2. 规划部门在城市建设和改造工程建设项目审批时，应想尽办法合理避让古树名木和大树，严禁移植、砍伐大树和古树名木。

3. 园林绿化部门应研究制定古树名木保护、复壮等技术标准规范和监管执法措施手段。同时，要在园林绿化工程施工中严格控制胸径为20厘米以上大树的移植。

4. 创新古树、大树、行道树保护监督管理机制，强化社会公众监督机制，建立大树、古树保护保险制度，如GPS定位监控、微信举报等。

注：南京市西康路行道树保护。

注：江西省南昌市进贤县青岚湖森林公园做下沉地块来保护原有大树苦槠，保护并利用原有树林来做林荫自行车道。

（31）公园周边景观应严格控制，不能把公园变成"桶底"

【易入误区】

误区1：缺乏合理的城市规划设计，公园周边无序安插高层建筑，景观失控，公园绿地成为城市"盆景"，甚至变成了"桶底"。

误区2：忽视历史名园的景观文化价值，周边建筑色彩、形式风格各异，对名园周边的历史风貌造成严重干扰。

注：公园周边建景观豪宅、高层建筑的现象在全国愈演愈烈，严重影响了公园自身的景观品质。

注：几栋高楼完全破坏了承德避暑山庄的风景和天际线。

注：江西省南昌市进贤县青岚湖森林公园项目落地后，公园旁立刻新建居住区，园内景观视线被破坏。

注：公园视线焦点上的大体量建筑。

注：杭州市西湖圣塘景区依靠植物遮蔽周边建筑。

【正确做法】

在城市规划和城市设计中，应协调好公园周边建筑与公园的空间关系。规划部门应对公园（含历史名园）与周边建筑的关系进行整体设计，对建筑限高提出要求，周边应设立建筑高度控制地带。对历史名园周边的建筑色彩、风貌、密度等做出相应规范。建立完善公园规划建设管理的法规标准，从行政和技术法规层面保障公园作为城市名片的景观风貌和文化艺术特质。

注：苏州市周围限高后的拙政园，古朴幽静，与远处的北寺塔融为一体。

（32）科学规划防护绿地，构筑城市生态屏障

【易入误区】

误区1：城市总体规划和绿地系统规划没有科学合理地设置防护绿地。

误区2：为了增加公园绿地面积，在防护绿地中简单地增加一些园路、坐凳等设施，就将防护绿地纳入公园绿地统计范围。

误区3：已规划的防护绿地没有严格实施建设或者遭到蚕食。

误区4：已实施的防护绿地养护管理不到位，安全防护功能得不到保障。

注：某城市遥感核查图斑，防护绿地规划未实施。

注：工厂与居住区之间未按规划建设防护绿地。

【正确做法】

城市防护绿地是具有卫生、隔离、安全或生态防护功能，游人不宜进入的绿地。主要包括卫生隔离防护绿地、道路及铁路防护绿地、高压走廊防护绿地、公用设施防护绿地等，其功能和作用是不可替代的。

1.在城市总体规划和绿地系统规划阶段，根据城市的地理气候环境条件，以及城市的产业分布、生态空间布局等，在铁路、机场、垃圾填埋场、污染性厂矿区、水源地等周边合理规划、预留防护绿地，保障城市的生产生活和生态安全。

2.划定保护绿线，健全保护监督体系，巩固防护绿地建设成果，确保防护绿地不被蚕食或改作他用。

注：昆山市高铁周边按照规划实施的防护绿地。

注：发挥生态防护功能的快速路两侧绿化带。

（33）城市绿地不能成为海绵城市建设的牺牲品

【易入误区】

忽视城市绿地最主要最基本的生态保护、休闲游憩、文化教育等功能定位，片面地把绿地当作解决城市洪涝问题的"蓄排水盆"。

误区1：既缺乏规划层面的系统研究和顶层设计，又缺乏多领域多专业统筹协调、通力配合的工作机制，盲目地一哄而上、开工建设。

误区2：机械地理解和执行地表径流系数等有关指标和建设要求，盲目"取洋经"，不加消化地借鉴甚至照搬美国、日本、德国等国外的"先进经验"，凡绿地必做人工湿地、雨水花园、植草边沟等，减少了乔、灌木比例，大大影响了绿地的生态效益和景观效果。

误区3：把城市绿地当作防洪排涝的主要载体，大规模开挖建设调蓄池、蓄洪区，到处建水塘和人工湖等蓄水湿地，改变了绿地原有性质和功能。防灾量级的建设标准无法实现最佳性价比，且建设投入高，后期维护管理难以为继。

误区4：对现有景观效果、生态功能良好的绿地进行大规模"海绵化"改造，千篇一律地建设下沉式绿地、生物湿地等，最终使城市绿地牺牲了原有的综合功能而成为防洪排涝的主要载体，给绿地带来不可弥补的损失，得不偿失。

【正确做法】

涵养水分本来就是城市绿地的重要功能之一，城市绿地的海绵功能是其生态功能的重要组成部分，应在强化绿地海绵功能的同时，保证其观赏、游憩、生态保护等综合功能不受影响。

强化统筹意识和顶层设计，要确保规划先行、规划引领。城市政府在推进海绵城市的建设中，既要解决防洪排涝雨水利用问题，又要充分尊重园林绿化专业的相关要求。要保持城市绿地应有的性质和功能，并科学合理地提高雨水消纳和利用能力，使之在海绵城市建设中更好地发挥作用，不能顾此失彼，得不偿失。

1. 因地制宜地落实相关要求。通过深入扎实的研究论证，将海绵城市建设理念和要求系统地融入城市总体规划、控制性详细规划和修建性详细规划。合理设定防灾等级，选取性价比最佳的方案，切忌以牺牲绿地基本功能为代价，在已经建成的城市公园绿地中砍伐乔、灌木，大量挖建下凹式绿地、建设雨洪调蓄设施。

2. 保障城市绿地应有的性质和功能。对已建成的具有良好景观、生态效果的绿地进行海绵化改造时尤其需要慎重，必须坚持因地制宜、保护优先的基本原则，在不降低观赏效果、不损害生态多样性、不破坏原有生态功能等的基础上，叠加提升其海绵体功能。一是做好关于地形地貌高差、物种资源、汇水量等的基础性研究、评估工作，二是选择合适的技术路径和技术措施。

（34）滨河绿地建设应兼顾生态效应和景观效果

【易入误区】

误区1：没有认识到河道绿化的景观、生态等多重资源价值，河道治理只是简单机械的水利工程模式，如裁弯取直、硬质驳岸、硬化护坡、硬化衬底，等等。

误区2：滨河两岸没有留出足够的绿化空间，或简单粗放的河道绿化模式导致滨河绿地生态功能和景观效果都不佳。

误区3：城市河道完全变成水利工程，对其裁弯取直或全面硬化。

注：穿城而过的河流两岸硬化，绿量小、疏于养护，不能实现生态与景观价值兼备的目的。

注：城市河道硬化施工。

注：只考虑排水功能，城市河道彻底硬化。

【正确做法】

城市滨河绿地是城市的绿色"血脉",也是滨水城市园林景观应突出的特色和亮点,水绿相伴,既有灵性又充满生机活力。滨河绿地通常建成特色生态廊道、休闲健身绿道等。

1. 城市滨河绿地规划应与城市水系规划同步编制,尽量保留河道原始状态。

2. 城市滨河绿地规划必须严格执行相关标准要求,河道绿化必须留出足够的宽度。

注:昆山市河道绿化——与城市绿道相伴,生态、景观、防洪排涝兼顾。

注:滨河绿地是宝贵的城市绿色生态空间。

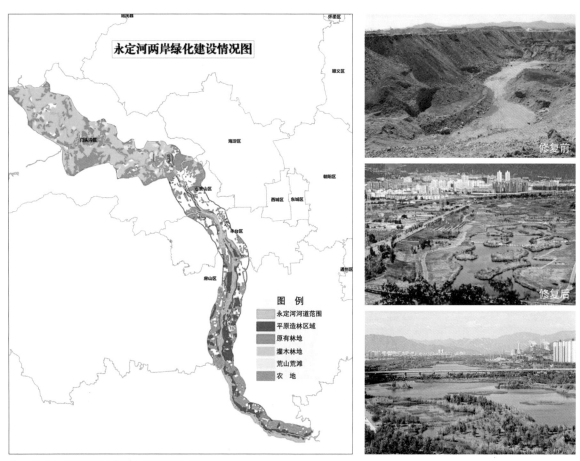

注：北京市永定河城市段生态修复前后对比。

（35）城市停车难问题不能靠占用绿地来解决

【易入误区】

    误区1：侵占绿地、盲目开发绿地地下空间来解决停车难问题。

    误区2：将嵌草停车场或林荫停车场视为绿地。

注：车位不足导致绿地被侵占。

【正确做法】

城市停车场绿化可以提高城市的绿化覆盖率，可以吸热吸尘降耗，但绝不能因此就侵占绿地或开发绿地地下空间来解决城市停车难问题。

1. 从城市规划层面合理统筹绿地（绿色基础设施）与建筑、道路、停车场等（灰色基础设施）的用地与空间布局，应当充分利用建筑地下空间解决停车问题，而不是占用绿地或降低绿地指标。

2. 严禁占用绿地或开发现有公园绿地地下空间建设停车场。城市新区应从规划层面解决停车问题。新建公园绿地应根据《公园设计规范》GB 51192—2016规划建设停车场。

3. 老旧小区解决停车难问题不能以砍伐或者移植树木、占用住宅区绿地等来解决。

4. 大力推广林荫停车场建设以及停车场透水铺装、立体绿化等。

注：人性化设计的寿光市菜博会林荫停车场。

注：黄石市林荫停车场。

（36）城市绿地地下空间开发应严格管控

【易入误区】

　　一些地方对绿地地下空间开发的不良影响认识不足，错误认为城市绿地地下空间可任意开发，造成绿地中植物不接地气，自然降水不能正常下渗反补地下水，致使城市地下水得不到补充，水位不断下降，破坏了城市水循环系统，绿地生态效益和景观效果受到极大影响。

注：某市绿地地下被开发成商业区，使雨水回渗的通道被阻断；同时，覆土厚度不够，不能种植高大乔木，绿地的生态功能受到严重影响。

注：城市中大量侵占公园地上、地下空间的现象。

【正确做法】

城市绿地是雨水回渗的主要通道。乔木根系的正常生长需要有深厚的土壤层，保障正常生长所需要的水分和营养。市政府应对绿地地下空间开发实施严格管控，保证绿地的建设质量，保障绿地的"海绵体功能"。

1. 坚持保护就是发展的原则，对已经建成的绿地禁止地下空间开发。

2. 严格控制城市新建绿地地下空间开发。如确需适度开发，须首先进行评估、论证、公示，并纳入城市控制性详细规划。面积较小的绿地不能开发地下空间；面积较大的绿地限制地下空间利用，且利用面积不大于绿地总面积的1/4。

3. 保证已被开发地下空间的绿地品质和功能不降低。在设计、施工、验收等环节，对地下空间顶板上有效种植土层厚度，理化质量，渗排水系统，乔、灌木规格等进行严格要求，保障架空层上的绿化植物正常生长。

（37）商业步行街规划应适当预留绿地空间

【易入误区】

误区1：认为商业街只需满足商业功能，种树会遮挡商业广告、会影响商业气氛。

误区2：认为商业步行街只需满足步行和商业经营需要，绿化美化占用土地，既影响经济收益，又影响客流量。

注：炎炎烈日下毫无绿化遮阴的商业街。

【正确做法】

商业步行街一般都是寸土寸金之地，土地紧张、地面硬化度高、人流量大，其景观设计要求高难度大，既不能简单控制绿地率，又要尽可能提高绿视率、绿容量，提高步行、游览、购物等的舒适度。

1. 商业街规划时应适当预留绿地空间，并在建设时积极推行墙体、屋顶等立体绿化，提升整体观赏效果和游赏、购物的舒适度。

2. 商业街的绿化美化应因地制宜、形式多样，既要尽可能多种植树木花草，又要充分兼顾环境、景观和商业空间。

注：梧州市骑楼城通过悬挂增绿和绿植座椅等手段进行改造。

（38）湿地保护和恢复应严格控制人工取水或补水

【易入误区】

误区1：盲目追求湿地时尚，缺水也要建湿地。在不具备建设湿地条件的区域人工营建湿地（其实就是所谓的水景观），一些缺水地区（城市）甚至不惜高价钱买水、远距离调水。

误区2：不顾流域自然属性以及水文条件、生态保护，使用橡胶坝拦截河流水源，以营造大水景。靠抽取地下水维持湿地，对湿地进行防渗处理等。不仅建设和维护成本很高，而且无法达到湿地净化水体的生态效益，反而因为过度开采地下水资源造成生态隐患，这样的湿地本质上是"反生态"和"伪湿地"。

注：依靠人工补水维持湿地形态的湿地公园。

注：通过做防渗处理建设的人工湿地。

【正确做法】

尊重和顺应自然，依托自然降水和正常的河湖补水保护和恢复湿地。在水资源紧缺的城市，使用再生水等非常规水资源，修复湿地生境。

1.要对本市湿地资源进行全面普查，科学编制《城市湿地资源保护发展规划》及其实施方案。

2.在水资源丰富的地区（城市），合理利用湖泊、沼泽等规划建设湿地公园。在由于气候变化而使自然降水减少造成湿地干涸的地区，使用再生水恢复湿地公园。

3.根据地区人口、资源、生态和环境特点，以维护城市湿地系统生态平衡、保护城市湿地功能和湿地生物多样性为基本出发点建设湿地公园。

4.对于采矿塌陷区地下水渗出而自然形成的湿地，应加以合理保护和建设。

注：杭州市西湖长桥溪水生态修复公园，利用水生植物净化水体。

注：修复改造原有废弃鱼塘建成的苏州市三角嘴湿地

四、园林设计

（一）总则

园林设计是把科学和艺术高度结合的过程，是把人的需求与城市发展有机融合的过程。园林设计的最高境界就是"虽由人作，宛自天开"，应当始终坚持生态优先、以人为本的原则；坚持因地制宜、适地适树的原则；坚持融合文化艺术、恰当表现的原则；坚持体现特色、整体协调的原则；坚持资源节约、绿色发展的原则；坚持继承传统、不断创新的原则。

（二）理念及做法

1.通用性要求

（39）城市绿地的功能定位应从设计层面精准控制

【易入误区】

很多城市因公园绿地总量不足、分布不均，不顾防护绿地本身的用地性质和功能，把一些防护绿地当作公园来建设，认为防护绿地不重要或者不需要防护。例如，把高压走廊、快速路防护林带改造或建成公园，不仅降低了绿化覆盖率，改变了其原有生态廊道功能，还存在通达性和安全隐患问题。

注：将防护绿地建成公园。

注：快速路旁的水塘、荒地，未按要求建设防护绿带。

【正确做法】

城市绿地建设应因地制宜，绿地的定位决定其功能，关系到城市生态格局的结构性绿地，当以绿地系统规划确立的性质和功能为主，在此基础之上可以提升绿地景观效果。防护绿地是城市中具有卫生、隔离和安全防护功能的绿地，包括卫生隔离带、道路防护绿地、城市高压走廊绿带、防风林、城市组团之间的绿化隔离带等。

1. 快速路绿化带往往是城市的楔形绿地、生态廊道和防护林带，也是一个城市重要的景观资源和生态屏障，是城市形象最直接的表现之一，是城市与外部环境的联结点。

2. 认真落实绿地系统规划关于城市楔形绿地和生态廊道建设的要求，确保快速路绿化带宽度足够，以保障其景观、通风廊道以及"先见林，后见城"等改善城市风貌的功能。

3. 快速路绿化带和风沙防护林带等应选择深根性、耐干旱贫瘠、抗风性强的植物，发挥其防风固沙、固持土壤、保护道路及边坡、降低热岛效应等作用。

4. 化工区、市政垃圾和污水处理厂等周边防护隔离林带不宜建设公园绿地，应选择抗染能力强的树种发挥其防护隔离、减少污染的作用。

5. 城市中心区与城市组团间的绿化隔离带可以结合公园体系规划进行建设，以发挥绿地的生态、景观、游憩、文化和防灾避险等多重功能。

（40）园林设计应严格控制边缘树种和"名贵"植物用量

【易入误区】

误区1：一些地方的园林绿化建设中盲目追求植物材料的新、奇、特、洋、贵，滥用边缘树种和所谓的"名贵"树种，导致绿地建设成本高昂、植物存活率低、后期管养困难且代价高。

误区2：缺乏相关专业知识和实践经验，又没有得到专业的指导监督，对园林植物生态习性、景观效果、生态功能等不熟悉，简单追求"三季有花、四季常绿"等，在园林绿地设计、施工中大量栽植过渡地带植物或非本地适生的"名贵"树种，导致不得不采用非常规的保活措施（如北方冬季给植物穿"冬装"），而往往还造成大面积死亡。

误区3：有些地方领导认为乡土植物太"土"，为追求"高大上"，不惜大量移植、砍伐适应当地自然气候环境、已形成良好景观生态效果的乡土树木，造成生态灾难和人财物的极大浪费。

注：南树北移，不得不穿上"冬装"。

注：北方城市移植大榕树，为保成活而搭建暖棚、设取暖装置。

注：因水土不服而被冻坏的福建小叶榕。

【正确做法】

坚持适地适树，推广应用乡土植物。适地适树主要包含水土适应、气候适应、群落适应、形态季相正常和地域文化适应等。任何植物都是大自然造物主的杰作，无高低贵贱之分，适生的才是最好的。园林绿化基调树种最好应用乡土树种，同时鼓励引种、培育新优植物。

1. 对过渡地带性植物或者边缘树种应进行引种驯化试验，结果显示已适应本地气候环境，在生长和性状表现正常稳定后才能大量推广。

2. 做好树种规划。在苗木市场化的大背景下，城市园林绿化主管部门更应做好优良乡土植物培育、规模化生产和物种资源保护工作，确保推广应用乡土植物切实可行。

注：盐城市适生植物应用手册。

注：韩城市国家文史公园种植本地油松营造松林景观。

（41）园林绿化忌造林式横平竖直或单一的大草坪大色块

【易入误区】

误区1：近年来，城市园林绿化快速发展，城市绿地增长需求大、绿地建设周期短，"复制、粘贴"式植物配置方式泛滥，造成植物种类单一、群落结构简单，绿地生态功能低下、景观效果差的问题。

误区2：在苗木生产市场化的助推下，很多城市园林绿化主管部门建设管理的国有苗圃纷纷改制或私有化，受利益驱动，优良的乡土树种常常没有人生产，更不用说种类多、规格全、规模大。

误区3：有些地方领导错误地认为园林绿化就是大面积成排成行种树（公园绿地中少量树阵式林下空间式设计除外），只要绿量充足，就不顾树种单一、群落结构简单、植物病虫害易发、生态环境不稳定等问题。或者对园林文化的理解不充分，过度依赖于平面图案、色块，降低了绿地的生物多样性和生态绿量。

注：行列式种植的景观带。

注：过于简单的植物造景。

注：曾经排列整齐的北京杨树林，如今只剩下光秃秃的树干。

注：大色块图案化的植物配置。

注：过度强调人工图案景观效果，生态绿量不足，维护工作量大。

注：过大的草坪空间。

注：过多使用整形修剪植物。其实此处土层深厚，宜种植乔木、亚乔木，增加遮阳功能，并可减少养护成本。

【正确做法】

　　园林绿化种植设计应遵从生态学原理和植物生理特性，因地制宜、适地适树。既要充分研究场地生境条件和周边景观环境，又要全面熟悉掌握在本地区适生植物的生物学特性（喜光还是喜阴？喜湿还是耐旱？喜大肥大水还是耐干旱贫瘠？等等），本着既丰富多彩又协调统一的原则，合理选择植物配置方式，形成不同风格、特色的植物群落。

　　1. 以乡土树种为骨干，根据当地气候、土壤、水文、地理等环境条件以及种植场地的具体生境特点，合理选择植物种类、选用恰当的配置方式，在保证植物健康生长的前提下，充分展现植物个体或群落特色，促进不同种类植物互利共生，避免种间相克或对水分、光照、营养等的竞争。

　　2. 稳定的植物群落应以植物多样性为基础，充分考虑植物的生长变化特性，注重高低错落、远近疏密、常绿落叶、观花期观叶期赏果期等，合理配置乔、灌、草、地被，形成复层近自然群落，在体现园林绿化生态功能、观赏价值的同时，彰显地域特色。

　　3. 特定城市生态环境条件下的植物配置，需要专门研究、慎重选择。如道路绿地等要将抗污吸污、耐寒抗旱、耐贫瘠、抗病虫害、耐粗放管理等作为植物选择的重要标准；盐碱地绿化或生态修复，首先需要考虑的是植物的耐盐碱性；湿地或滨水绿地应选择耐水湿或水生植物（包括挺水植物、浮水植物、沉水植物等）。

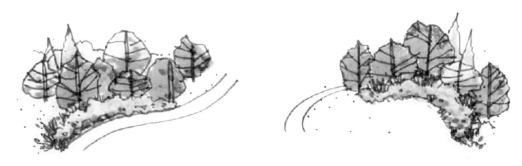

注：自然式乔、灌、草搭配种植。

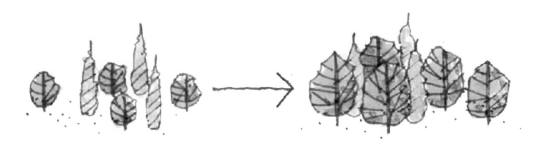

注：速生树种与慢生树种搭配。

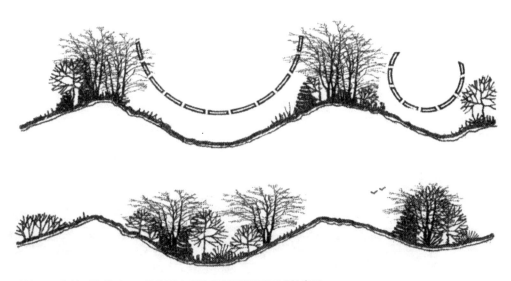

注：植物配置与地形的关系——植物可以减弱或增强地形所形成的空间。

注：徐州市云龙湖景区的十里杏花村景观。

注：徐州市民主路街头绿地。

注：淮安市里运河生态岸线。

注：吐鲁番市自然式群落景观。

注：杭州市花港观鱼藏山阁草坪，模拟近自然化的植物群落配置。

注：公园内自然式配置形成的园林景观。

注：遵循"生态位"原则，模拟近自然的植物群落。

注：南京市雨花台的特色植物景观。

注：杭州市西湖的自然式植物群落景观。

（42）过度密植、一夜成林都是违背自然、违背科学的

【易入误区】

　　一些地方领导坚持认为种树不会出错，也不管植物正常生长所需要的基本光、热、营养等条件，积极推行"高、大、密、厚"，追求"一日成林、立地成景"。过度密植已经成为当前城市园林绿化中存在的普遍问题，而且因为管养投入不足、管养技术措施不到位，大量过度密植的绿地疏于后续的疏移调整等管理，造成植物因生长空间过度狭窄、光照不足、通风不畅、营养不良等而大量枯死，甚至病虫害爆发，不仅造成巨大浪费，还会引起生态灾难。

注：过度密植，令人产生密集恐惧症。

注：密不透风的植物景观。

注：某城市领导要求的"高、大、密、厚"的植物配置。

注：密不透风的银杏林。

【正确做法】

植物健康生长都需要有合理的空间，都应保证有充足的阳光、水分和养分。为追求"一夜成林""立地成景"，不得不过度密植或移植大树等，这些都是违背自然、违背科学的。

1. 合理把握苗木规格及种植密度，为每一棵树的健康生长留足空间。

2. 重要节点留足空间，有目标地给定点树木吃"偏饭"，合理培育大树景观。

3. 对过度密植的绿地要及时疏移抚育，保证树木健康生长。

注：合理的树木间距能为树林生长留下充足的空间，有利于培育大树景观。

（43）保护植物多样性的同时应防止外来物种入侵

【易入误区】

误区1：把"植物多样性"简单地理解为植物应用种类及个体数量的增加，片面追求复层种植结构和"高、大、密、厚"的效果。

误区2：为丰富物种，在没有进行引种驯化试验的前提下盲目引进外来植物、大量种植边缘植物或仅凭领导个人喜好引种"新、奇、特"植物品种，引进之后为了"适生"和成活，不得不投入大量资金进行"改土适树""改地适树"等，不仅严重影响植物成活率和生长势，引种植物大量死亡而造成巨大浪费，还有可能造成生物入侵，对区域的生态稳定性造成严重破坏。

注：眉山市岷东新区采砂场，上千亩水域内长满大藻等水生植物。

【正确做法】

植物多样性是衡量城市园林绿化水平的一个重要因素。城市园林绿化应以乡土树种为主，遵循"尊重自然、保护优先、适地适树、科学引种"的原则，在保护的基础上不断丰富生物多样性。

1.进行植物多样性摸底调查，并以此为基础编制植物多样性保护规划和乡土适生植物培育生产计划。

2.最大限度地保护原有大树、片林等自然元素及其生境。

3.加大园林绿化科研投入，积极开展园林植物引种驯化试验和植物新优品质培育。

注：云南省环境保护厅与中国科学院昆明分院联合发布了《云南省生物物种名录（2016版）》，云南由此成为全国首个公布生物物种名录的省份。

注：进贤县青岚湖森林公园建设中保护利用原有片林。

注：常熟市虞山景区，根据不同立地条件选择适生植物。

注：杭州市保留的大树景观。

（44）园林绿化严禁使用假树假花

【易入误区】

　　有些地方领导过分追求园林绿地的景观功能和视觉冲击，片面追求四季有花，甚至用假树假花来布置（装饰）城市街道、公园绿地、住宅区绿地等，既庸俗又误导老百姓，尤其是孩童！既浪费资源又造成极为恶劣的社会影响。

注：假树假花做绿化。

注：灯具当树栽。

【正确做法】

城镇居民生活在人工环境中，远离大自然，园林绿化产生和存在的根本，就是满足城镇居民向往、回归自然的需求。因此，园林绿化必须以自然为主、生态优先，绝不在生态景观上弄虚作假。

1. 选用乡土或本地适生的植物进行园林景观营造，不简单要求四季常绿或四季有花，也不盲目追求"新、奇、特、洋、贵"。

2. 充分发挥城市绿地，特别是公园、游园、绿地广场、绿道等承载科普教育的平台功能，让市民群众在游园和休闲健身过程中耳濡目染地了解植物的生长过程物候变化、生态习性等科学知识，接受生态环保、绿色发展等生态文明理念的宣传。

注：杭州市西子湖四季酒店的自然式植物景观。

注：杭州市花港观鱼清新自然的植物群落景观。

（45）移植大树、古树既劳民伤财更破坏生态

【易入误区】

过分追求"立地成景，一日成林"，或所谓的献礼、节庆等形象工程，急于求成、急功近利。种植设计者不得不选用规格过大的苗木，施工者不得不移植山区和农村宅院四旁大树甚至让古树进城。为提高成活率，工程技术人员不得不对移栽的大树、古树实施"大手术"（重修剪），甚至截头去干而使其成"光杆树""残疾树"，有的移栽大树长期"挂吊瓶""打绷带""拄拐杖"，长势衰弱，极端病态，同时大大增加了工程建设与管养成本。

不仅如此，移植大树、古树还会因为需要挖大树坑、带大土球以及开辟专门的运输通道等措施而严重破坏原生地的植被群落，导致水土流失、生态破坏。

注：大树被大量密植。

注：大树移栽破坏原生境。

注：大树移栽浪费人力物力。

注：大树移栽后景观，生态价值低。

注：违规移植古树。

【正确理念及做法】

栽植规格合适的苗木是适地适树的基本要求。园林绿化种植设计应当根据相关规范要求、绿地性质、景观要求和投资标准，确定合适的苗木规格；园林绿化工程施工倡导种植圃地生产的，经过移栽或假植的全冠苗。

1.倡导推广容器育苗，提高成活率和全冠率。

2.园林绿化工程建设要依法依规合理选种规格合适的苗木，反对移植大树、严禁移植古树。一般速生乔木树种胸径不大于15厘米，慢生乔木树种胸径不大于12厘米。

3.对于城市改造和建设中无法合理避让、经论证确须移植的树木，应专门研究制定合理的移植、培育、复壮技术方案，保障成活并在园林绿化建设中合理应用。

注：苗圃容器苗。

注：苗圃容器苗。

注：大苗全冠乔木缓苗期短，生态景观效益俱佳。

（46）城市绿化彩化应多用木本开花和色叶植物，少用草花营造"花海"

【易入误区】

不少城市或乡镇热衷于打造鲜花海洋（花山、花田、花谷、花海等），认为这样就能快速提升城市形象。殊不知一、二年生草本花卉成片种植形成的鲜花海洋，除了独具视觉冲击力外，观赏期短、养护管理成本高、吸霾制氧等生态功能低，与单纯种植大草坪一样属于投入效益低、维护成本高的园林绿化方式。

注：大面积的城市"花海"，生态效益低，投资和维护成本过高。

注：某市公园大面积花海的冬季效果。

【正确做法】

　　草本花卉品种多、色彩丰富、见效快，城市园林绿化中对其合理应用是必要的，尤其是节日花坛中布置一、二生草本花卉能点缀节日氛围。但是，城市园林绿化应遵循节约、生态和以人为本的绿色发展理念，植物群落建造应以乔、灌木为主体，充分设计应用乡土、适生的木本开花植物，合理配置草本花卉，打造街头节点、花境（花径）。此外，可以倡导广大居民种植草本花卉装饰布置阳台、庭院等，美化环境、陶冶性情。

注：木本开花植物营造良好城市绿地景观。

注：杭州市木本植物与草本花境结合的群落。

注：杭州市南山路用枫香、水杉等色叶树种做行道树。

（47）园林绿化应当合理彰显地域风貌和文化特色，忌乱贴文化标签

【易入误区】

　　园林绿化设计不惜成本表现所谓的"文化"，将文化粗浅地理解为有形式没内涵的景墙、石雕、图腾柱、文化墙等，各色各样的洋雕塑、洋喷泉、洋水景、洋灯柱、洋亭廊等充斥于高档居住区、街头游园绿地、交通环岛等景观节点，造成了文化庸俗化、符号化，误导群众。

注：既无功能，又与园林绿化及周边环境不协调的"文化小品"。

注：西式雕塑与中式图腾柱堆砌一起，非常不搭调。

注：绿地中的华表、石鼎简单罗列，内容浮浅、形式单一、华而不实。

注：某市公园大体量的文化墙并没什么"文化内涵"。

注：某公园门口简单直白的文化柱。

【正确做法】

园林绿化伴随城市产生，是为聚居的城镇居民服务的绿色生态空间，在发挥生态功能的基础上应体现地域历史文化特征，彰显地域特色和文化内涵，发挥启迪心灵、熏陶情操和科普教育的人文功能。

1. 园林设计者应首先对项目所在地的自然本底、历史变迁、文化特色、城市风貌、物种资源等进行摸底调研、充分挖掘和系统梳理，在此基础上按照绿地系统规划和绿地的功能定位编制设计方案，明确文化内涵表达的内容、形式以及所用建设材料、植物种类等。

2. 历史文化内涵在园林中的表现应当做到深入研究、领会精髓、内容恰当、形式新颖，应与地形地貌、山形水系、建筑物构筑物、雕塑小品、树木花草等园林要素统筹考虑、紧密结合，让市民、游客在园林绿地中进行游憩休闲、健身运动等活动的过程中潜移默化地体验、感受特色风貌和地域文化，陶冶情操，激发他们热爱自然、保护自然、热爱家乡、保护环境的热情。

3. 公园绿地建设尤其需要避免"泛文化""符号化"现象，设计方案中的文化表现应遵循提升品位、小中见大、举重若轻、陶冶情操、启发联想、互动参与等原则，品质、功能和文化内涵要兼顾。

注：丽水市具有乡土特色的街头公园。

注：温州市庄头滨水公园拆建中保留的生活遗存。

注：成都市望江楼公园，将传统园林历史文化内涵与环境相融合。

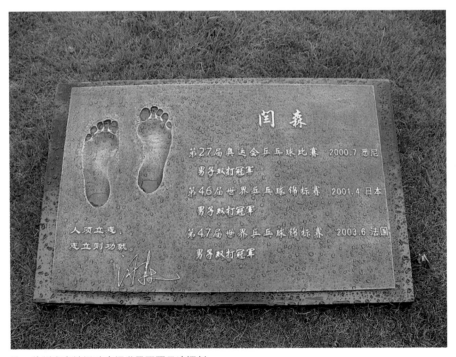

注：徐州市东坡运动广场世界冠军足迹铜刻。

（48）人工水景设计应因地制宜、体量得当

【易入误区】

　　一些地方不顾水资源匮乏的实情，盲目追求城市的品质提升，斥巨资建设大型喷泉、大面积水景观等，不惜抽取地下水或高价购买外来水建造及维护"生态"水景；大规模人工渠化、防渗处理、建坝截流来打造人工水景，改变了河湖原始地貌和生态系统，破坏了区域水文特征。

注：一边是蓄水的人工湖，另一边则是露出河床的自然河道。

注：橡皮坝拦截人造水景。

注：喷泉泛滥。

【正确做法】

　　溪流、湖池、瀑布、喷泉等水景观是城市绿地的重要组成部分，也常常是园林中的点睛之处。园林水景要针对地区气候、水文、生态环境等科学规划、合理设计、务实建设，生态功能、社会功能和景观价值并重。

　　1. 园林水景应根据水资源情况进行科学评估、合理设计，对水景建设区位、面积、类型进行准确定位，忌过分追求规模与档次。

　　2. 在水资源贫乏地区，应节约用水，发展节水型生态园林，严格控制园林水景设计和建设，确须建设的，要以保护、修复现有水体水系资源为主，注重保持河道、湖泊及其岸线自然形态，维持其生态功能，倡导利用再生水和雨水资源建设水景观，切忌占用地下水等宝贵水资源。

注：合理利用黄河原泛滥地和澽水河湿地的水资源优势，确定韩城市国家文史公园内的水体面积与功能。

注：韩城市澽水河生态修复后，恢复自然形态并提升了生态功能和景观效果。

（49）水体岸线应采用生态化设计，严格控制硬质驳岸、硬化衬底

【易入误区】

一些城市河道和公园绿地的水体岸线不分环境条件，一律采用截弯取直、硬化护坡、高筑堤岸的"硬"加固手段，违背了水体岸线的自然规律，破坏了水生态系统，阻碍了人的亲水需求。

注：硬质驳岸既加剧水体富营养化，又不能满足人的亲水需求。

【正确做法】

水体岸线是水与陆地的重要连接线，也是水体生态景观资源价值的体现，应尊重水体的自然状态，遵循生态学规律。

1.贯彻建设部《关于建设节约型城市园林绿化的意见》（建城[2007]215号）中关于"积极推进城市河道、景观水体护坡驳岸的生态化、自然化建设与修复"的意见。

2.水体岸线在满足行洪安全的基础上，避免不必要的人工裁弯取直，留给水体自然流动的空间。也要充分考虑人的亲水性，在保障安全的前提下，合理规划设置亲水平台、栈桥等园林设施。

3.水体生态修复中兼顾景观效果，按照水体岸线原有曲线修复重建。对已有驳岸的硬化衬砌进行改造，低于常水位0.5米以上的部分，宜采用生态化为主的多种驳岸形式，最大限度地展现河岸自然状态；对现有深水槽河道，通过栽植垂吊植物、藤蔓植物等多种方式"软化"河道，增加绿量，提高绿视率。

4.水景观建设和水体生态修复都要充分考虑水生植物的生长习性和生物学特性，近岸水体应根据不同水生植物水深要求进行设计，综合运用挺水、沉水、浮水等植物以增强水体的自净能力。水体驳岸应注重采用耐水湿植物、湿生植物进行绿化，应形成高低错落，疏密有致的近自然群落。

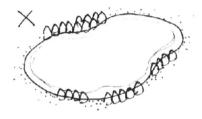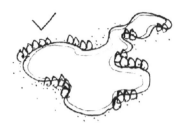

注：水体岸线应自然流动。

注：徐州市彭祖园的自然驳岸、水生植物及亲水平台带给游人美的感受。

修复前

修复后

注：渭河滩修复前后对比，旧貌变新颜。

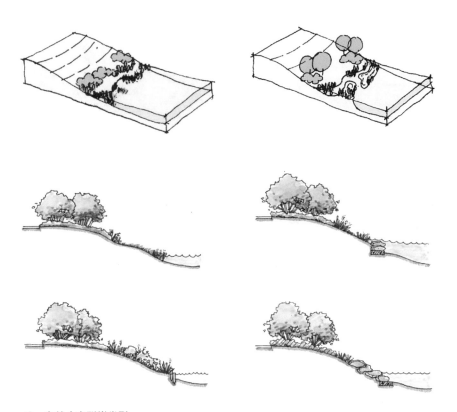

注：自然生态驳岸类型。

注：北京市转河改造后的生态化水体岸线及亲水设施 。

注：城市中硬质驳岸的生态处理：绿化、美化、柔化。

注：昆山市内河水体岸线的生态化处理。

注：杭州市西湖花圃景区的自然岸线。

注：舟山长峙岛的自然生态溪岸。

（50）绿地的海绵功能不应简单等同于下凹式绿地和雨水花园

【易入误区】

误区1：一些地方在海绵城市建设中，对绿地与海绵城市建设的关系认识不清，一窝蜂搞"海绵绿地"建设，仅满足于"海绵"概念，做表面文章，缺乏调研分析和科学测算，对海绵设施功能、控制目标和指标片面理解和僵化操作。

误区2：片面认为海绵绿地就是下凹式绿地、人工湿地和雨水花园等几种简单的绿地方式，忽视乔、灌、草的合理配置、忽视绿地应有的生态、景观等综合功能。未经过科学测算（如地表径流量、最大积水量、排水设施能力等）和规划设计，只做雨水花园、人工湿地，甚至把原有的功能完善、景观良好的绿地挖了建成下埋有蓄水模块、蓄水池等的伪生态海绵绿地，最终除了劳民伤财，还使绿地功能退化。

注：在河道岸坡绿地上生硬开挖"海绵"设施。

【正确做法】

在海绵城市建设中，园林绿化行业需要做的主要是增加绿地"海绵"容量，恢复和提升绿地"海绵"功能。应坚持"因地制宜、生态优先，统筹兼顾、科学施策"的原则，系统研究绿地与周边环境高程以及城市排水系统的关系，根据当地气候、水文、绿地和排水设施现状等确定具体的径流控制目标，在保障绿地生态、景观、游憩等多种功能的基础上最大限度地吸收、汇集雨水。

1.新建绿地要在尊重原有地形地貌的前提下，根据景观等功能需要，因地制宜、精准合理地进行竖向设计与控制，以形成有利于雨水收集利用的地形地貌，最好能达到绿地内雨水不外排进入市政管网的目标。缺水城市要尽可能实现绿地与用地范围之外的客水水源的有效衔接。

2.进行土壤检测，明确渗透系数，根据土壤渗透条件，合理安排"渗、滞、蓄、净、用、排"的技术措施，确保绿地实现最大限度的雨水收集利用。

3.现状绿地进行海绵型改造提升时须特别慎重，要对原有的乔灌花草、配套服务性设施、园路铺装和地形高差等进行系统勘察、评估、分析和精准测算、设计。在保证绿地原有生态、景观游憩等功能不受根本影响的前提下，建设雨水收集利用设施，做到功能复合叠加，达到锦上添花的效果。

4.下沉式绿地、蓄水池和生态缓冲带周边要选择种植耐水湿植物，避免潮湿、积水影响植物生长甚至导致植物死亡。

注：昆山市海绵城市建设示范点。

注：海绵绿地建设应根据径流控制目标，结合当地实际情况，选用性价比高的技术方式，提高绿地的海绵容量。

注：北京市某小型绿地，在场地下方建设集雨设施，将绿地旁的建筑屋面雨水引入地下渗池，消纳屋面雨水，实现了绿地本身两年重现期与水不外排放的目标，营造出了雨旱两宜的活动场地。

（51）园林土建工程不应片面追求用材"高大上"和室外环境室内化

【易入误区】

　　城市绿地建设中片面追求选用高档材料，将大量的室内装饰材料及工艺应用于园林中，不仅大大增加建设与管养成本，破坏绿地应有的自然生态景观，还会带来安全隐患（晴天热反射伤人、雨雪天导致游人滑倒、摔跤等）。

注：室内材料室外用，与室外环境不和谐，又容易出现摔跌事故。

注：极易损坏的塑木地板铺装。

注：园林中过于繁杂的铺装材质与工艺。

【正确做法】

园林土建工程用材应与景观总体风格相协调，要坚持朴素、实用、美观、经久耐用的原则，就地取材。

1.考虑室内外用材的不同需求，避免室外环境室内化，避免用材种类过多、装饰过度。

2.道路、广场铺装尽量选用透水砖、透水砂石地面等透水材料；栏杆、廊架、亭柱、照明设施、标识牌示等的用材、体量、尺度、色彩应科学合理。

注：简朴大方的透水铺装。

（52）立体绿化是竖向拓展城市绿色空间的最佳途径

【易入误区】

误区1：对立体绿化节能降耗的生态效益，节约土地、拓展绿色空间的作用认识不够，简单地将其视为形象工程、短期应急的装饰工程等。

误区2：一些山地城市和大城市的中心区、商业区土地资源十分紧缺，推广立体绿化、建设屋顶花园等是行之有效的绿色空间拓展方式。但因政府层面缺乏统筹考虑，也没有相应的激励机制，很多建筑特别是公共建筑屋顶、墙体的防水、承重、耐根穿刺等都达不到立体绿化的技术要求。

误区3：对立体绿化的实施技术、操作流程等缺乏研究或者掌握不够，选材不合适、管养不到位，达不到理想效果。如：屋顶绿化选用大规格、深根性、抗风能力弱等类型的乔、灌木（如：深根性银杏、冠大的小叶榕、枝条脆弱的紫檀）；高架檐口绿化选用对水肥要求高、抗风能力弱、不耐修剪等类型的植物（如：喜肥沃深厚土壤的牡丹、杜鹃、红瑞木，抗风力弱的蕨类、旅人蕉）。

注：造价高昂的绿色墙，完全可以通过墙根绿地上栽种攀缘植物来代替。

注：屋顶绿化中错误使用大规格乔木。

【正确做法】

立体绿化是选用各类适宜的植物，使绿色植被覆盖地面以上的各类建筑物、构筑物及其他空间结构的表面，利用植物向空间发展的绿化方式，具有净化空气、减少尘埃、节能减排、滞留消纳雨水等生态功能，以及美化环境、提高城市绿视率等重要作用。它以屋顶、桥柱、围栏、棚架、墙体等为载体，可最大化提升三维绿色空间，有效弥补城市绿量的不足。立体绿化是城市绿色发展的需要和主要建设内容之一，是新形势下城市园林绿化发展的必然要求。

推广立体绿化应遵循以下三个原则。

1. 低维护：首选抗逆性强、易成活、低维护的植物。

2. 低造价：根据环境条件和景观需要，突出经济适用、安全美观的建设目标，如选用质地柔韧的落叶爬藤植物及具有缠绕、攀缘习性的爬藤植物（爬墙虎、山荞麦、凌霄、油麻藤等）。

3. 可持续：综合考虑荷载承重、抗风、防水、抗污、降噪、滞尘、吸霾等方面的要求，选用耐修剪、浅根性、抗性强、耐粗放管理等类型植物。

注：长沙市劳动路与芙蓉路交叉路口行人安全岛的立体绿化，既解决了行人过马路等候时的遮阴问题，又增加了城市的绿视率和生态绿量。

注：长沙市劳动路与芙蓉路交叉路口行人安全岛的立体绿化，既解决了行人过马路等候时的遮阴问题，又增加了城市的绿视率和生态绿量。

注：长沙市橘园立交桥的垂直绿化，增加了城市绿视率和绿量。

（53）竖向设计要统筹考虑景观营造、径流控制、坡度安全等

【易入误区】

误区1：绿地竖向设计时没有对场地地形地貌及所处的立地环境进行勘察摸底、科学评估和论证分析，简单盲目地营造地形，缺少雨水汇集区域、排水方向控制等的考虑和规划，既不利于优美园林景观的塑造，也不利于海绵技术的应用和落实。

误区2：施工图绘制中，竖向部分的地形设计不完整、设计深度不够，竖向设计只标出部分控制点的标高，没有详细的施工现场指导，施工人员往往根据经验自己组织地形，最终无法实现设计初衷。

注：地形设计不合理，导致地表径流得不到有效管控和利用。

【正确做法】

竖向设计要利于营造优美的景观效果，利于控制雨水径流，同时要避免过大的土方工程量。

1. 根据功能分区、景观控制、游线安排等要素，合理规划地形竖向变化，营造自然和谐、空间丰富的地形地貌。

2. 深化绿地建设工程施工图的竖向设计，细化并标示所有高程转折点的标高，给出排水方向与竖向坡度，划分雨水汇集区域并进行年径流总量控制率的计算。

3. 借鉴国外研究成果和成功案例，精细化设计、建设、提升绿地对雨水的吸纳、蓄渗和缓释作用，有效控制雨水径流，实现雨水的自然积存、渗透、净化。

设计方案：六里桥城市休闲森林公园
设计单位：北京腾远建筑设计有限公司
设计人：高薇、王恩伟、姚艳、李运虹、黄梅芳等

设计统筹考虑周边环境、使用要求、空间组织、地形竖向与景观构成，在形成富有层次的景观同时，使地形起伏变化成为雨水收集的有利条件，将地形产生的地表径流在坡脚或相对低的地方通过植被浅沟、渗透水管、渗井等进行收集，同时通过渗透水管将收集到的雨水反渗入地形下部植物根系部分，增加渗蓄量，同时使植物根系可以吸收到雨水，从而减少灌溉用水，达到节约用水的目的。

地形竖向与雨水收集示意图

注：北京市六里桥城市休闲森林公园集雨型绿地规划设计竖向图，该公园通过合理的竖向设计及多种海绵技术措施的运用，达到雨水收集、雨洪调蓄的效果。

（54）公园绿地中雕塑和小品应少而精

【易入误区】

误区1：一些公园绿地中雕塑、园林小品缺乏整体规划，一个题材多处重复出现，表现形式也基本雷同；有些制作粗糙、内容浮浅、形象丑陋，非但起不到画龙点睛的作用，还影响观瞻。

误区2：雕塑和园林小品排放位置不当，周围的植物配置不合理，不能与周边环境、景物形成良好的视觉关系，降低了公园绿地的整体品位和景观效果。

注：某绿地中效果不佳的雕塑小品，与周边建筑、植物也不协调。

注：园林小品与周围环境不协调，且缺乏实用性。

注：雕塑四周地面处理不当，使得绿地踩踏斑秃严重。

注：千篇一律的园林小品。

注：缺乏文化内涵的建筑小品。

【正确做法】

雕塑和小品作为园林绿地中重要的文化景观元素，要按照数量少（主题雕塑公园除外）、品位高、材质优的原则进行设置，要起到视觉焦点、画龙点睛或文化教育的作用。

1. 雕塑和小品的题材应当符合当地历史文化和风土人文特征，并在绿地规划设计方案中统筹安排，与其周边城市环境、绿地性质和功能定位等相协调。

2. 具体摆放位置应充分考虑景观构图、视觉通廊，与其他建（构）筑物的协调关系，还要注意其周围植物材料的合理选择，要通过植物的株型、质感、色彩等烘托雕塑、小品，达到相映生辉的景观效果。

3. 允许游人近距离观赏的雕塑与小品，周边地面要进行艺术化的铺装处理，防止绿地被踩踏斑秃。

4. 设置园林小品应尽量考虑其使用功能，在满足游人使用的同时发挥文化、艺术、科普等其他功能。

注：南宁市南湖公园内吕仁雕像，以高大树木作为衬托，以花卉和草地的颜色、线条营造崇敬的氛围。雕像基座四周硬化铺装，便于游人观赏照相。

注：苏州市博物馆新馆。

注：杭州市圣塘景区马可波罗雕像。

2. 关于公园绿地

（55）公园绿地方案设计前应充分研究用地周边现状

【易入误区】

公园绿地设计阶段不做基础资料收集和调研工作，不考虑场地的特性及场地与周边环境的关系，盲目照搬其他地方的成功案例，导致公园绿地功能性设施安排不当、服务功能不强。为快速出方案出图纸，采用景观模块（如红飘带、木栈桥、石笼墙……）复制、组合、粘贴等设计方式，导致千园一面。

注：某公园规划方案设计阶段没有充分研究周边用地情况，建成后主景轴线与城市住宅建筑互相干扰。

注：某地商业开发完全罔顾文保单位的景观视线。

【正确做法】

公园绿地的周边环境、相关的城市基础资料（历史演变、人文故事、地方风俗、气候、水文等）是做好公园绿地设计方案的重要基础和依据，公园设计前应专题调研用地周边的历史和现状。

1. 研究用地周边城市景观现状，确定公园绿地的总体风格及公园绿地与周边城市景观的视觉关系。

2. 对用地周边的建筑、交通、居民分布和需求等基本情况进行调研，为合理规划公园的出入口、功能分区、园路、管理服务提供依据，也为后期的管理维护提供策略支撑。

3. 对用地所在区域的地质地貌、水文、气候、土壤、动植物资源进行调研，重点研究现状植物资源的类型、分布、特点等。

注：杭州市西湖郭庄借景苏堤。　　　注：徐州市黄楼公园——根据周边居民的需要设置健身活动区。

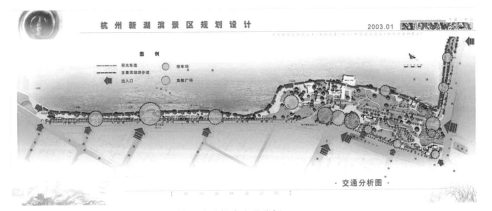

注：杭州市西湖新湖滨公园设计阶段的周边动静态交通分析。

（56）公园绿地应从设计环节严控建筑物和硬化地面比例

【易入误区】

  不少城市盲目追求大气、壮观等公园绿地的外在形象，公园绿地设计中建筑体量过大、园路过宽、硬质广场面积过大、硬质铺装占比过高，最后建成的公园华而不实，甚至绿地率不达标，热岛效应加剧，服务性能和游览舒适度大大降低。

注：硬质铺装大广场，影响游人的游览舒适度。

注：缺乏庇阴的公园大门，无法让游人停留。

注：群众反映某市永久绿地被侵占，通过开展违建拆除、房屋安全鉴定、建筑物产权置换等整改工作，既保障了公共服务属性，又全面改造提升了游园绿地品质。

【 正确做法 】

公园绿地设计要严格遵照《公园设计规范》GB 51192—
2016，要合理布局配套服务与管理用建（构）筑物、广场硬质地
面、水面、草坪等用地比例，充分保障公园绿地的休闲游憩、怡
情娱乐、运动健身、科普教育、防灾避险等综合功能。

1. 公园绿地内建（构）筑物应根据管理和服务的需要设置，
在满足管理服务功能需求的前提下，应坚持占地比例最小原则。

2. 园路应充分满足游人游憩观赏和管理养护的需要，路面宽
度应与入园游人控制量相适应，并使用透水防滑性铺装。

3. 根据游人容量合理布局游人停留和活动场地，用变化的地
形和丰富的植物来组织空间，争取曲径通幽、疏密有致；除特殊
地点需要开敞空间和视线通廊外，倡导合理设计林下活动空间、
疏林广场等。

4. 不宜设计大广场。对公园内现有大广场宜采用补植高大
乔木、设置种植池等形式进行自然隔离，提升舒适度，便于游
人逗留。

注：公园设计规范

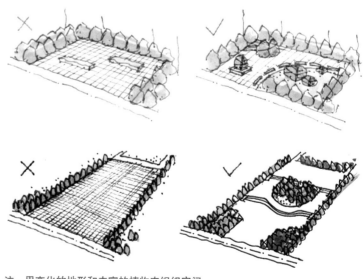

注：用变化的地形和丰富的植物来组织空间。

注：杭州市西湖曲院风荷公园中尺度相宜的迎熏阁。

注：徐州市注重为市民百姓营造舒适的林下活动空间。

（57）公园设计应避免对原有地形地貌大改大建

【易入误区】

不尊重场地原有地形地貌特征，忽视原有水体、植被等环境资源，进行大规模的场地改造，如：盲目堆山挖湖，河道截弯取直。

注：大规模堆山营造地形。

【正确做法】

中国园林的精髓就是尊重自然、师法自然、模拟自然，达到"天人合一"的境界。地形地貌是公园设计中首要考虑的重要因素，设计者要尊重场地原有地形地貌，因地制宜，因形就势，坚持最小化改造地形地貌的设计原则。

1. 认真研究场地原有地形地貌特点，化不利因素为有利条件，提出地形设计方案，使之与先前的场地保持较好的共通性和连续性。

2. 地形造景须因地制宜，利用为主，改造为辅，依低挖湖，就高堆山，尽量减少不必要的土方开挖，降低对原有地形环境的干扰和破坏。

3. 公园建设应避免盲目改造现有绿地、水域，必须进行局部调整的应当提倡挖填结合，土方平衡，有效利用土地资源。

4.公园绿地的植物配置要与地形结合，采取高处更高、低处更低的手法，即在主坡顶上安排最高大的乔木品种，低凹处安排低矮的灌木、地被植物甚至草坪，通过植物强化地形的落差起伏感。

注：降低对原有地形环境的干扰和破坏。

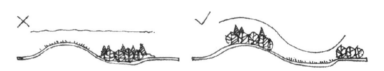

注：植物配置与地形结合。

注：上海市辰山植物园的矿坑花园——设计者根据矿坑围护避险、生态修复的要求，结合中国古代"桃花源"隐逸思想，利用现有的山水条件，设计瀑布、天堑、栈道、水帘洞等与自然地形密切结合的内容，深化人对自然的体悟。利用现状山体的皱纹，深度刻化，使其具有中国山水画的形态和意境。

注：徐州市东珠山矿坑修复工程——利用矿坑的地形地势设置湖泊和瀑布，增加景观丰富性。

（58）公园绿地设计应合理控制开敞空间尺度，切忌盲目追求大广场

【易入误区】

一些公园绿地忽视当地自然气候特点、入园游人的需求与感受以及公园绿地应有的吸热、制氧、降噪、除尘等生态功能，门区内外设置面积过大、空旷的硬化广场，严重影响游览舒适度；为突出公园服务和管理设施的位置、形象，其周围既无庇阴又无遮挡；"高端大气"的大草坪大色块等，既降低了景观效果、生态效益，又大大增加了维护管养成本。

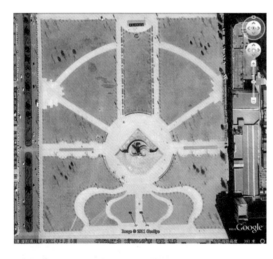

注：某市公园绿地中的大草坪，总面积11公顷，只种植了16株常绿树，夏天无法为市民提供庇阴，过度暴晒让游人无法停留。

注：某市市政府前绿地盲目建设大草坪、硬质铺装，并将灌木修剪成模纹，15公顷的绿地广场毫无生态功能，景观效果也很差。

注：公园入口大广场、大草坪严重浪费了绿地面积，同时缺少高大乔木遮阳，游人无法舒适游览。

注：盲目建设的大水景、大喷泉。

【正确做法】

　　公园绿地设计要坚持以人为本和植物造景为主，确立乔木为主、绿量最大、综合功能最大化的设计原则，根据公园功能定位、所处地理位置、用地规模、游人设计总量、游线安排、周边环境等，规划出必要的开敞空间（如，门区集散广场、疏林广场、疏林草地、运动草坪等），合理控制其尺度，忌设计面积过大、无遮阳、无座椅等的大广场、大草坪、大色块。

156

注：北方某公园内的植物种植充分体现了以人为本的原则，在园路两侧种植落叶乔木，夏季利于庇阴和防晒，冬季也不影响采光。

注：北京市月坛公园入口广场，尺度合理，并不影响游人集散需求。

（59）公园绿地建设切忌滥用堆山置石

注：山石用量过大，堆叠毫无章法，既没有主次峰之别，又不分横竖纹理，与周边植物也不呼应、不协调。

【易入误区】

误区1：为追求所谓的高档和视觉冲击，过量（数量多、种类多、体量大等）使用山石，营造大尺度的山石景观，增加了建设管养成本，降低了绿地生态效益。

误区2：堆山置石水平低下，构造缺乏章法，植物种植设计未能与山石有机统一，位置关系不当，随意摆放景观石，造成视觉污染，甚至误导人们对园林山石的审美感受。

注：某公园入口沿景墙一圈叠石，毫无美感。

【正确做法】

叠石堆山和园林置石作为"非物质文化遗产"，是我国园林传统的造园手法，旨在体现方寸之内见天地的山水意境。现代园林绿化是为广大市民群众服务的大园林，是否需要堆山置石要视立地环境和绿地功能、造园风格等确定，园林山石必须起到画龙点睛、锦上添花的作用，切忌不恰当地滥用堆山置石。

1.根据绿地范围内的地形地貌和"用石如金、点石成景"的原则确定堆山置石的位置、类别、高度、形态等，并且做好周边植物的种植设计，达到相辅相成、相映生辉的景观效果。

2.叠石堆山和园林置石应当充分了解园林石文化的内涵及基本要求，选择的石种、形状、纹理应当与周边环境相协调。如景观石上须刻字，应符合书法美学要求。

3.独立的园林景观置石应请园林景观石方面的专家进行指导；堆山置石的技术人员须持证上岗，要请具有相应能力的专业团队施工，并由叠石堆山和园林置石方面的专家进行指导。

注：北京市奥林匹克森林公园天境景区，景观石疏密适度，高低错落有致，主次轻重分明，苍松挺拔相托，营造了一幅雄浑画卷。

注：杭州市西子湖四季酒店内与环境融为一体的英石假山。

注：韩城市国家文史公园内近自然的湖石假山。

注：北京市园博园江苏园内的太湖石组。

注：无锡市阳山桃花岛景区置石，与植物搭配相得益彰，做入口标识，醒目而别致。

（60）公园绿地标识系统设置应以人为本

【易入误区】

误区1：标示系统不完善，造型不美观，标牌标识位置设置不合理，导致绿地的游览路径不明确，文化主题说明不清晰，警示警告不到位等问题。

误区2：过分强调标示系统，其尺度与整体环境不协调，喧宾夺主，降低了绿地景观的整体效果。

注：街旁绿地缺少标示，认知度下降。

注：禁止牌示、门牌和指示牌影响公园入口景观。

注：标识牌和路灯设置不当，影响观瞻。

【正确做法】

　　标识牌示系统是公园绿地服务设施和景观风貌的重要组成部分，是以人为本理念的重要体现。完善合理的标识牌可以提高公园绿地的服务水平，起到引导游览、点明主题等作用，增加对公园绿地的认知度。

　　1.公园绿地规划设计应统筹安排标识牌示系统，并符合以人为本、科学指引、内容明晰、位置恰当（如，出入口门区、游客中心、园路交叉点等关键位置）、形式美观的原则要求。

　　2.标识牌示的具体位置应当与周边景观环境相协调，须处理好与照明灯具、栏杆、雕塑小品、景观置石和建、构筑物之间的关系，不能对区域景观造成干扰。

　　3.标识牌示的用材、尺度和形状等应与公园绿地总体风格一致，文字内容应准确清晰，中外文对照须准确规范。

注：标识系统与环境相融，相得益彰。

 164

注：进贤市青岚湖森林公园路标，简洁、质朴、和谐。

注：杭州市江阳畈生态公园科普解说牌，既醒目又不夸张。

3. 关于附属绿地

（61）道路绿化设计应体现遮阴、隔离、安全等功能需求

【易入误区】

误区1：忽视道路绿化最需要考虑的遮阴问题，行道树选择不当。

误区2：道路交叉口和转角处树木过高、树冠过大等，影响驾驶员视线，产生安全问题。

误区3：片面追求美化（开花、色叶等）效果，缺乏对道路绿化首先需要满足的防护、隔离、安全功能的考虑。树种选择不当、行道树定干过低而影响车辆通行或者被迫实施行道树强修剪。

注：不重视道路绿化，有路无树（行道树）。

注：行道树选用不当，遮阴效果差。

注：草坪做绿化隔离带，既不生态又不美观，还不能阻隔相向车辆眩光。　注：行道树分支点过低，影响交通安全。

【正确做法】

道路绿化应根据道路等级、位置等确定绿地率指标，并满足遮阴通风、吸尘降噪、吸霾吸热、人机分离、交通组织等功能需求，营造出安全、舒适的交通出行环境和景观良好的生态廊道。

1.道路绿化要按照"一路一景、一路一品"的原则，合理选择抗逆性强、耐粗放管理、乡土适生为主的植物，并以乔、灌木为主。行道树要选择冠大荫浓的高大乔木，实现"有路必有树、有树必有荫"。

2.道路绿化应首先不影响交通安全，在交通环岛、交叉路口分车带、立交桥匝道、人行横道两侧分车带等处，不能种植遮挡视线的植物。

3.人行道和机非隔离带不能种植塔形和分支点过低的乔木。

4.较宽的绿化隔离带和道路外侧绿化带，应尽量采用自然式植物种植方式，修剪绿篱或造型桩景树只能在节点位置少量应用。

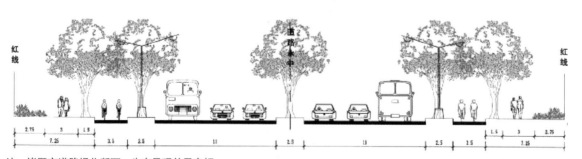

注：诸暨市道路绿化断面，生态景观效果良好。

注：黄石市有韵律变化的中分道路绿化带。

注：杭州市灵隐路和南山路生态、自然的道路景观。

注：杭州市南山路冠大荫浓的落叶行道树。

（62）海绵城市绿地建设应防止初期雨水直排绿地

【易入误区】

　　有些地方盲目追求年径流总量控制率，大量实施不恰当的道路绿地海绵化改造建设，忽视初期雨水弃流问题，没有道路初期雨水弃流设施，实施雨水直排的海绵绿地建设方式，直接造成土壤和地下水污染，严重影响道路绿地中植物的正常生长。

注：城市初期雨水（含有融雪剂等污染物）直接进入绿地。

【正确做法】

道路绿地消纳雨水涉及园林、水务、市政等众多专业，应加强道路市政设计单位与园林绿化单位的协调配合，灰绿结合，相辅相成。城市道路初期雨水污染较为严重，直排绿地不仅严重污染土壤，还影响植物生长。道路初期雨水弃流应成为海绵城市建设中道路绿地海绵功能提升设计中应注意的重点。

1. 落实《城市道路绿化规划与设计规范》CJJ 75—97中道路绿地率的指标要求，保证道路雨水径流的渗、滞、蓄空间，并以不损害绿色植物健康生长为原则。

2. 新建道路市政规划设计阶段应提出绿地消纳雨水建设目标和初期雨水弃流的技术措施。结合排水管网、周边绿地、河湖水系等因素统筹优化海绵城市设计。

3. 对原有道路绿地进行海绵扩容改造时须首先解决初期雨水弃流问题，确保道路绿地原有植被正常生长和景观质量。

4. 鼓励技术创新，选取既有实效、又便于后期维护的设施，既要对污染严重的道路初期雨水及时排放弃流，又要保证后期符合要求的雨水进入绿地。

172

检测结果报告单

合同编号	CLEC130022							
检测类别	水			检测性质		委托检测		
采样日期	2013 年 3 月 12 日			检测日期		2013 年 3 月 13 日~3 月 22 日		
检测项目	检测结果							
	样本 1	样本 2	样本 3	样本 4	样本 5	样本 6	样本 7	样本 8	样本 9
pH	7.54	7.75	7.98	7.71	7.84	7.84	7.39	7.49	8.02
溶解氧(mg/L)	8.0	7.4	8.9	9.0	1.1	8.0	2.9	7.2	11.5
COD_{cr}(mg/L)	370	388	293	483	548	268	293	253	63.8
BOD_5(mg/L)	106	100	92.7	241	285	93.3	96.7	103	22.9
氯化物(mg/L)	1.89×10^3	2.16×10^3	417	2.07×10^3	9.02×10^3	943	500	2.02×10^3	105
钠(mg/L)	323	380	147	407	1.15×10^3	105	122	343	43.7
溶解性总固体(mg/L)	3.54×10^3	3.99×10^3	1.73×10^3	4.42×10^3	1.14×10^4	2.06×10^3	1.18×10^3	5.80×10^3	234
总磷(mg/L)	0.53	0.27	0.68	0.39	0.37	0.61	0.41	0.55	0.40
总氮(mg/L)	6.4	28.7	26.0	17.7	23.7	20.7	17.9	17.8	26.7
铅(μg/L)	<1	<1	4	<1	<1	<1	<1	<1	3

注：北京市园林绿化局做道路雨水水质检测报告。

（63）城市绿道建设切忌盲目跟风

【易入误区】

误区1：对绿道内涵认识不准确。为建绿道而建绿道，缺乏科学的绿道规划，不能实现绿道串联现有绿色资源的连通功能；把绿道简单等同于"非机动车道""自行车道"等，直接在现有道路上划线作为绿道。

误区2：绿道建设没有体现以人为本的基本理念。选线随意，忽视通达性、安全性和利用效率，没有服务区、休息站等配套服务设施。

误区3：误认为绿道一定要闭合，不惜一切代价强行实现绿道闭合成环。

注：绿道建设的根本目的不是解决城市交通问题，而是为人民群众提供生态绿色服务产品（骑行、健步、休闲娱乐等）。

【正确做法】

绿道是以自然要素为依托和构成基础，串联城乡游憩、休闲等绿色开敞空间，以游憩、健身为主，兼具市民绿色出行和生物迁徙等功能的廊道。正确认识绿道的科学内涵，以生态保护和满足群众需求为导向，合理制定绿道建设规划，注重绿道多重功能的发挥。

1. 依照《绿道规划设计导则》，本着"因地制宜、彰显特色、统筹城乡、绿色低碳"的原则，结合城市内外山水林田湖等自然资源和历史文化遗址遗存等进行绿道规划建设。

2. 绿道作为推动城市绿色发展、倡导绿色生活的重要平台和主要措施，需要兼顾休闲健身（跑步、骑行、健步走、野餐等）、绿色出行（步行、骑车）、生态保护（净化空气、缓解热岛效应、保持水土等），保护利用文化遗产，促进人际交往、社会和谐等综合功能。

三山五园绿道总平面图

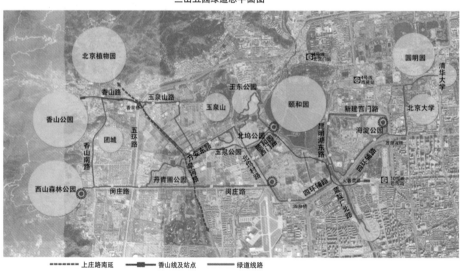

注：深入调研现状资源，结合绿地系统规划，形成完整科学的绿色健康慢行系统。

注：保护原有植被，统筹考虑"绿廊""慢行道"的布局。

（64）居住区绿化美化应严格控制华而不实的硬质景观

【易入误区】

误区1：忽视改善居住环境的生态功能需求，乔、灌、草植被和绿地面积不足，硬质景观面积过大，生态效益降低。

误区2：盲目追求西化洋化和"高档化"，过多设置西洋雕塑、主题雕塑、喷泉水景等文化景观。

误区3：公共活动空间和配套服务设施不足，无法满足居民特别是老人小孩的娱乐活动和社交需要。

注：过多的西洋雕塑。

注：不合理的植物占比和植物品种选择。

【正确做法】

　　居住区园林绿化设计和建设更须坚持以人为本、生态优先的原则，通过合理的植物配置、完备的服务设施形成自然美观、舒适宜人、安全友好的居住环境。居住区绿化应以植物造景为主，适度布置以弘扬中华优秀文化和时代精神为主的人文景观。

注：舟山市玫瑰园、重庆市悦榕庄、舟山市雅戈尔居住区自然的植物景观。

注：乔木为主、空间合理的居住区绿化。

（一）总则

园林绿化施工和养护是两个紧密联系的重要过程，在按照设计图纸和相关规范实施的过程中，在完成一系列工程任务的基础上，还要肩负体现、延伸、强化设计思想和艺术效果的责任。施工要坚持精益求精，落实设计意图，把握工艺要求，追求完美效果。养护要认真领会"三分种七分养"的园林绿化座右铭，根据生态技术和景观艺术要求，贯彻一系列技术规范，实行责任地块和责任人制度，确保达到最佳养护水平。

（二）理念及做法

（65）园林绿化的施工和养护是园林艺术再创作过程

园林绿化工程主体材料是有生命的植物，植物在不断生长变化，所以园林绿化工程从设计、建设到养护管理的过程，就是园林绿化作品从孕育、孵化到不断成长完善的过程，即是一个全生命周期的再设计、再创造过程。园林绿化工程各个环节应相互关联、相互衔接、相互渗透，施工要精益求精，充分领会落实设计意图，精准把握施工工艺，建设精品园林。养护管理要专业化精细化，在保证植物的健康生长的基础上，不断打磨、提升绿地品质、功能和景观效果。

【易入误区】

误区1：将园林绿化工程等同于普通工程，忽视园林景观效果会随着植物的生长而变化这一突出特点。

误区2：设计、施工、养护各环节缺乏有效的衔接和协调。设计方交了图纸就万事大吉，设计人员不亲临施工现场进行过程指导，对自己的设计意图不进行全面"交底"。施工方因对设计理念、设计意图和设计思想理解把握不深不透不全，导致工程效果走形；或者出于压低造价考虑，即便领会了设计意图也不愿意进行施工中的二次创作；或者因为缺乏必要的专业能力和素质，对苗木规格、习性、形态、季相变化等了解不够，无法进行二次创作。养护团队不了解设计意图，不能通过修剪、疏移等规范的养护管理对设计理念和思想进行延伸，未达到景观品质和绿地功能不断提升的目标。

【正确做法】

1. 将园林工程建设提升到园林景观艺术再创造的高度，进行系统化管理，做到设计、施工、养护全过程有机统一。明确管理主体，每个环节的管理及技术人员都应按照设计目标明确分工、落实责任、相互配合。

2. 规划设计方案和施工技术方案都应由规划设计、植物、生态、工程、文化、美学等方面的专家进行论证审查，并请施工和养护技术与管理人员参与论证过程。

3. 施工图设计要对施工方法和养护操作提出具体要求，设计人员应进行施工现场全过程指导，及时解决施工中出现的问题，确保达到预期设计目标。

4. 施工技术负责人要仔细研究施工设计图纸，充分理解掌握设计思想和施工技术要点，施工中严格遵循适地适树（包括合适的苗木规格）的基本原则，充分考虑苗木规格、习性、观赏性等要与土壤、光照、坡度、水湿等环境条件相适应。

5. 根据养护目标，公开公平选取具有相关专业人员、相应管养能力的专业化养护管理单位，根据植物的生长规律和园林景观需要进行修剪、整形、植保、施肥以及调整提升等精细化养护，达到设计的理想效果。

6. 建立、健全工程技术和管理档案，园林绿化行业主管部门以及设计、施工、养护单位分别留存。

注：杭州市花港观鱼公园。

（66）监督落实参建各方责任才能确保工程质量

园林绿化工程项目的建设单位、勘察单位、设计单位、施工企业、监理单位是城市园林绿化工程质量的直接责任者，应强化参建各方的责任意识，园林绿化（建设）质量监督管理机构应当对建设、勘察、设计、施工、监理各方实行监督，确保工程质量安全。

【易入误区】

误区1：认为有监理就不需要监督，没有园林绿化质量监督管理机构、人员、制度，或监督不到位，根本不实施施工现场监管，只是不负责任地直接出质量安全监督报告。

误区2：园林绿化设计没有遵循相关技术标准规范，设计文件与工程现场实际情况不符；种植设计选用植物不适应工程现场的立地条件或规格过大、种植密度过大，引用未经驯化试验的外来物种、奇花异草等。

误区3：施工单位没有按照设计要求采购苗木或者不按照施工规范种植苗木；施工过程中存在偷工减料、对植物养护不到位等现象。

误区4：监理人员缺乏必要的园林绿化专业知识和园林绿化工程监理经验；或"旁站"不到位，监理有名无实。

注：道路、广场的硬质景观受损，影响了绿地品质。

注：公共绿地设施损坏，没有得到及时维护，既影响景观效果，又存在安全隐患。

【正确做法】

1.对于政府投资的园林绿化工程项目，园林主管部门是质量监督管理的第一责任人；对于社会投资的园林绿化工程项目，园林主管部门应尽到专业指导和质量安全监管责任。园林主管部门要健全质量监督机构，认真履行职能，不能把质量监督机构混同于监理单位。对社会投资项目，可采取第三方监督管理模式。建立健全符合本地实际情况的工程评价、考核机制，将工程建设管理、养护管理行为、工程质量评价结果等纳入信用管理体系。杜绝工程质量问题，整改把关不严和竣工验收走程序、走过场现象。

2.根据园林绿化工程实际情况（场地、环境、目标等）进行合理设计，合理选择苗木规格、形态、色彩等，尽量使用乡土适生植物，遵循因地制宜、适地适树和植物造景为主的基本原则，按照相关标准规范控制园林小品和配套设施用量、规格、风格等。开工前设计单位应当向施工、监理等单位进行设计文件交底，既要说明工程质量安全方面的内容和要求，又要说明对景观艺术的要求。委派相应专业设计人员做好施工现场指导以及必要的设计调整和再创作；重点部位、关键环节做好现场服务。

3.尊重植物的自然生态特性，应季栽种植物，遏制反季节种植造成的苗木死亡、过度修剪等；按设计文件或相关规范组织苗木进场和栽植。若发现与工程现场条件不符的情况，及时向建设方和设计方提出意见和合理化建议；按设计要求完成工程施工，杜绝资料不真、不全、造假等现象；加强在施工过程中的巡查养护；建立健全安全和技能教育培训制度。

4.监理单位应当按照投标文件组建项目监理机构，配备满足工程监理需要的园林专业监理人员，对工程施工实施全过程监理。对重要和具危险性的工程部分加强巡查，实行"旁站式"监理。

（67）专业人员应全程参与园林绿化工程建设

园林工程是科学性、艺术性很强的建设工程，必须有专业人员全程参与。尤其是园林工程建设方，专业人员既要有园林工程管理知识，又要具备艺术审美水平及现场施工指导监督的经验和能力，需要在保证工程质量、成本、进度的前提下，把园林工程的科学性、技术性、艺术性等有机地结合起来。

【易入误区】

误区1：评标专家组内园林绿化专业专家（具有园林绿化规划、建设、管理知识基础和工作经历的专家）占比达不到50%以上，对园林绿化工程承办方的履约能力（专业人员数量、专业化工程施工经历等）把控不准，难以保证园林绿化工程施工专业化。

误区2：将园林绿化工程简单等同于一般建设工程，缺乏对设计、建设、施工各方主体和各个环节的统筹，难以实现园林绿化工程文化性、艺术性和生命特性的有机融合，无法保证景观效果和生态功能。

【正确做法】

园林绿化工程是再创作的艺术过程，从勘察设计、施工建设到养护管理，专业人员的参与能保证园林绿化工程的科学性和艺术性，能够更好地体现设计意图、能够在建设养护过程中不断丰富和完善园林景观，能够使园林工程形成景观后延长欣赏周期、增加欣赏范围，更好地体现园林的艺术属性。

1.依法实行招标的园林绿化工程建设项目招标评标时，应充分考虑园林绿化的文化性、艺术性和园林植物具有生命力等特殊性，资格审查委员会、评标委员会中园林专业专家人数应不少于委员会组成人数的二分之一。

2.应当由园林专业人员统筹园林工程从设计、建设到养护的全过程,把园林工程艺术性的体现、风格的统一、植物景观的协调一致作为统筹园林工程建设的主要内容,不要把园林工程等同与其他的市政建筑工程。

3.由于园林工程专业化精细化要求较高,涉及规划、建筑、文化、生态、植物、环保、艺术等各个学科,应由园林专业人员进行统筹,避免出现外行指导引起的方向性失误,才能更好地保证园林工程的建设质量、景观效果和生态功能。

（68）低价中标难以保证园林工程质量，甚至造成巨大浪费

园林工程造价由物化成本和非物化成本两部分组成，前者有客观的计算和审定标准，后者为一种"艺术创造的价值"，会因不同企业拥有园林艺术等专业人才资源的不同而具有很大的差异。只有技术、资金等综合实力雄厚的企业才有能力保证综合性园林工程的高水准。

【易入误区】

误区1：不考虑园林植物材料的特殊性及其定价的不确定性（如：苗木价格市场不够清晰、不透明、不稳定；各地苗木的指导价不统一；园林植物的观赏价值、稀缺性等），将园林绿化工程等同于普通建设工程，实行低价中标。导致承包方无利可图甚至赔本，从而不可能保障工程质量和园林艺术水平。

误区2：为了节约资金，盲目压价，实施低价中标，必然导致劣币驱除良币，引起园林绿化市场混乱、竞争无序；同时造成园林绿化工程质量低下，甚至因为过分偷工减料，工程质量不达标甚至全部返工，造成巨大浪费。

【正确做法】

1. 合理确定园林绿化工程造价。工程定额编制部门在确定园林绿化工程定额的过程中，应考虑到园林植物的特殊性和园林工程的艺术再创造要求，研究制定与当地社会经济发展相适应、与工程建设目标要求相匹配的计价标准与测算方法。

2. 科学制定园林工程招标评标办法。合理确定园林绿化工程中商务标、技术标、既有业绩三个方面的权重，不能只看重商务标。

3. 招标代理单位应对投标企业提交的工程实绩进行实质审查，对提交评审的业绩的真实性提供必要保证。

4. 招标代理单位应将项目的所有招投标和评标文件长期保存备查。评标专家必须对各自给出的技术标评价结果承担责任。

注：大明湖东扩项目，采用的是合理价而非最低价中标，既保证了施工单位的合理利润，又保障了工程质量和景观效果、综合功能。

（69）园林绿化应避免违背植物生长习性的不合理种植

春华秋实是自然现象、自然规律。在自然条件下，任何植物都有其适应的种植、生长发育季节，在最佳移植时间内移栽、种植，其成活率高、缓苗期短、成景快、投入养护成本低，可收事半功倍之效。

【易入误区】

误区1：没有按照城市绿地系统规划来建立近期建设规划和项目库，导致工程建设无规划，随意性强，因"拍脑袋"工程、"献礼"工程、"政绩"工程、"面子"工程的需要压缩工期，赶工期，不得不进行反季节种植。

误区2：把园林绿化工程简单等同于普通建设工程，没有重视园林工程植物栽植的时间要求，盲目认为所谓的高科技现代化技术手段（如吊瓶输液）能够解决反季节栽植中出现的各种问题（实则违背自然属性，违背科学发展观）。

误区3：园林绿化工程前期手续不完备、进场条件不足，仓促开工、边拆迁边施工，造成工期拖沓，不得不实行反季节栽植。

注：非种植季节栽植，不得不加大土球、启用大型器械，施工成本大大增加，还不能保证百分百成活。

注：非种植季节施工，必须对树木做特殊保护措施。

注：非种植季节施工，依靠"打点滴"保成活。

【正确做法】

　　园林绿化项目要有远期和近期规划，并向社会公布，加强城市规划的连续性。确立的项目要合理统筹安排，杜绝城市建设的随意性，指导城市建设有计划有步骤地实施，避免大量反季节种植。

（70）园林绿化养护管理市场化不等于政府放手不管

【易入误区】

误区1：合同养护期过短，造成短视问题。

误区2：事中、事后监管不力，实施市场化选择养护管理单位或队伍后，没有及时建立严格合理的考核评价机制，缺乏中期考核和末期综合评价，出现应付考核、突击管理的问题。

误区3：当地园林绿化主管部门没有根据本地区实际情况，组织编制养护管理相关标准规范，没有适合本地区实际情况的定额。没有建立明确的绿化养护责任制。

误区4：缺乏应急保障机制和相应的专业化队伍，一旦出现台风、冰雪等自然灾害时，城市政府常常措手不及，不能切实保障人民的生命财产安全。

注：雪后融雪剂直接进入树池，影响树木正常生长，还污染土壤和地下水。

【正确做法】

园林绿化管理部门作为城市政府履行园林绿化行业管理职能的机构，其主要职责就是制定行业发展规划、行业管理法规制度和标准规范，对园林绿化工程建设实施过程指导与监督管理，对已竣工的园林绿化工程组织综合评价考核，创新引导园林绿化工程养护管理市场化。

推行园林绿化工程养护管理市场化，是进一步强化园林绿化主管部门的指导和监督管理职责，需要主管部门进一步规范园林绿化养护招投标管理、过程指导、质量考核评估和绩效管理，一方面通过竞争提升整个城市的园林绿化水平，另一方面避免市场无序竞争。

1. 在进行园林绿化养护招标时，养护合同期要延长到2年以上，要在招标文件中对长效投入、避免短视行为、杜绝突击养护等进行要求和约定，并明确处罚措施。

2. 园林绿化管理单位要加强养护作业的事中事后监管，应在施工养护到期前至少6个月介入工程养护的监督管理，及时按照工程情况确定养护标准、招标条件，通过招标确定合适的养护单位。要制定详细的日常考核标准并列入招标文件，组织专人加强日常考核并形成考核管理档案，将养护期的中期考核和末期综合评价作为支付养护款的重要依据。通过加强日常监管，避免出现突击养护、应付考核的现象，保障园林绿化工程项目的专业化、精细化养护。

3. 要根据当地实际情况制定养护的分级标准，标准要详细并具有可操作性，要制定或使用符合实际情况的养护定额，在确定养护管理费用时，不仅要考虑养护的各项措施，还要考虑园林景观艺术性的保持和观赏期的延长。

4. 由于无法在招标时确定相关应急费用，在出现台风、冰雪等自然灾害需要应急抢险时，市场化途径确定的养护管理单位通

注：园林绿化草坪建植和养护技术规程。

常存在人力不足、设备不到位，应对不及时，甚至出工不出力等问题。因此，园林绿化主管部门应保留必要的园林绿化抢险队伍和设施设备，一旦遇到台风、冰雪等自然灾害时，能及时开展保护城市树木、清理受损树木、保障城市道路畅通、保障人民财产安全等工作。

注：2016年"莫兰蒂"台风重创厦门，65万株树木倒伏，绿化受损面积达九成。厦门市快速组织园林绿化抢险队伍和设施开展保护城市树木、清理受损树木、保障城市道路通畅的工作，把影响降到最低。

（71）种植土壤安全合格是植物成活并健康生长的基本条件

【易入误区】

误区1：施工过程中随意开挖、放置土壤，不注重原有土壤表土层的保护，在土壤回填的过程中没有原样恢复，造成种植土壤肥力下降。

误区2：未对客土土源进行控制，不按照种植要求进土，使用没有肥力的土壤或劣质土作为种植土壤。

误区3：不重视对种植土壤的检测，或因经费缺乏未对种植土壤的成分进行检测。

误区4：没有对存在结构、肥力、污染等方面问题的土壤进行必要的整治和改良，造成植物死亡或者生长不良。

【正确做法】

种植土壤安全合格是植物成活、生长的基本条件，也是保障园林绿化工程质量的前提。在园林工程施工过程中要严格控制种植土质量，绿化种植前对种植土进行必要的检测。不同的植物健康生长需要不同的土壤条件。通过"改土适树"的方法，为园林植物创造良好的生长环境，是提高园林植物成活率的关键工序，也是创造预期园林景观的重要手段。

注：园林绿化栽植土质量标准

（72）根系健康发育是园林植物成活生长的前提和主要表现

【易入误区】

误区1：大树小穴——未按树木栽植规范要求合理开挖树穴，树穴过小影响植物生长。

误区2：深根浅穴——未按树木根系生长发育需求开挖合理树穴，树穴过浅，影响深根性植物生长。

误区3：树木移栽土球过小，城市其他工程施工破坏树木根系，造成树木根系过浅，遇大风暴雨等恶劣天气容易倒伏。

误区4：树木根系受到邻近建筑物、地下构筑物、管线等周边设施的挤压，根系生长过浅，最后导致植物长成"小老头"或者死亡。

误区5：为了美观等而给树木根部戴上紧箍咒，使树木根系无法正常"呼吸"，生长不良，根系浅易倒伏，尤其是行道树，由于过度使用硬质铺装而对其生长不利。

注：行道树树穴过小，影响树木根系发育和树木正常生长。

注：为方便和美观，给树池嵌卵石，大大降低树木根部的透水透气性，影响行道树正常生长。

注：为整洁、美观，树池被水泥硬化或石材铺满，树木被戴上枷锁。

【正确做法】

根系是植物吸收水分、养分的重要器官，根系的生长发育及活力直接影响着植物体地上部分的生长发育和营养状况。

1.园林绿化施工须按树木植栽规范开挖树穴，保证根系正常生长。

2.树木移植时要确保根系的完整性，土球尺寸适宜。

3.施工过程中注意保护树木的根系。

4.给城市中树木的根系留足"呼吸"空间。

（73）园林绿化必须坚持"三分种七分管"

园林绿化是城市中唯一有生命的基础设施，设计、施工、养护是园林绿化工程建设的三大关键环节。养护管理是巩固园林绿化成果及对成果提质增效增值的重要阶段，工程竣工验收之后实施科学、精细、专业化的养护管理，犹如孩子出生后对他的精心抚养与教育，是实现园林绿地生态价值、景观价值、文化艺术价值等的必要措施。

【易入误区】

误区1：无视居民群众对绿色空间扩大和生产生活环境改善的需求，对老百姓身边的公园绿地、住宅区绿地、单位附属绿地等重建设轻管养，建设资金有保障，管养投入不足。有些城市甚至斥巨资建设形象工程、政绩工程，却要求公园尤其是动物园、植物园等专类公园自负盈亏、以园养园，既不能保障绿地的品质和功能，又损害老百姓的切实利益。

误区2：园林绿化主管部门没有结合本地实际情况来研究制定养护管理技术标准规范、定额标准、养护质量评价标准、考核办法等，对绿地养护指导和监管缺位。

误区3：养护单位缺乏专业的养护管理队伍，真正开展养护管理作业的大多是农民工，无法保证绿地品质。养护单位对员工的培训教育制度不健全，一线管养技术人员对新技术、新产品、新材料不了解不掌握，养护质量低劣甚至因管养不当而造成植物死亡、设施损毁等。

注：缺乏正常养护管理的街头绿地。

注：园林绿化管养人员多是老弱妇农，无法保障专业化精细化。

【正确做法】

1. 城市政府公共财政中专项列支管养经费预算，保障城市园林绿化养护管理资金足额投入、及时到位，特别是老百姓身边的绿地，须保证资金充足以加强管理和养护，维持、提升园林绿地的生态、功能和景观效益。

2. 园林绿化主管部门制定符合本地实际情况的园林绿化养护管理技术规范与定额标准，严格招标管理，并对各类绿地的养护管理实施全过程指导和监督考核。

3. 园林绿化主管部门或行业学协会组织开展园林绿化养护专业培训、技能比赛等，促进养护单位和人员专业技艺能力的全面提升。

注：专业化养护管理。

注：园林绿化养护技术规程

注：河北省城市园林绿化养护管理定额

（74）园林绿化反对树木过度修剪

植物的生长必须依靠叶片的光合作用。园林植物健康生长，枝繁叶茂是发挥其应有的生态、景观、防护等综合功能的基础。

【易入误区】

一是以保障交通安全等为由过度修剪树木；二是随意乱剪，不遵从树木修剪技术的规程规范；三是一到冬季一律修剪，尤其是行道树，不管是落叶还是常绿。

注：某城市小区被过度修剪的树木（木桩）。

注：过度修剪后的大树无法恢复自然形态。

【正确做法】

　　修剪是园林绿化养护管理中一项常规性工作，但必须因材施"剪"，要因植物种类、所处绿地类型、生长状态、生长时期（季节）等专门制定植物修剪技术方案，并始终坚持最少修剪的原则。

　　对于台风、冰雪灾害多发地区，行道树很容易受自然灾害而倒伏、断枝等，要积极探索购买园林树木灾害保险等保障制度。

注：合理修剪旨在改善通风透光条件，去除病害枝干，保障树木正常生长且形态自然美观。

注：台风易发地区应根据防风需要合理修剪树木。

注：园林绿化养护管理技术（修剪）培训与实操训练。

（75）园林绿化养护要及时疏移过密树木

城市园林绿地具有景观和游憩功能。建成时为达到一定的可视效果，往往对某些重点地方采取密植处理。经过一定时间的生长后，这些密植区植物的生态空间受到挤压，必须通过疏移，保证园林植物正常健康生长所需要的水、肥、光、氧等条件。

【易入误区】

误区1：不按树木生长习性进行科学设计，对于过密的种植设计没有提出后期树木疏移方案。

误区2：对已经出现的过度密植现象不及时处理，要么是熟视无睹，要么是不敢下手，要么是舍不得花费。

【正确做法】

1.设计方案阶段就树木疏移提出预定方案，交甲方保存。

2.重要景观定点定株培育大树景观。

3.建立日常巡查机制，及时进行抚育管理。

注：及时疏伐，调整植株密度，保障植被正常生长所需光、热、水、氧等条件。

注：孤植树能对整体景观起到画龙点睛的作用。

六、行业管理

（一）总则

城市园林绿化主管部门应按照市政府确定的"三定"职能依法履行园林绿化行业管理职责，以建立法规标准体系为基础，依照相关法律法规和标准规范负责园林绿化规划、建设、管理和保护发展的全过程指导和监督管理工作，保障城市绿地系统功能完善、保障人民群众的绿色福利，改善人居生态环境，促进城市健康可持续发展。

（二）理念及做法

（76）建立健全园林绿化法规标准体系是行业管理的核心工作

【易入误区】

无法可依或是有法不依、执法不严，必然导致已有的绿化成果得不到有效保护，规划绿地不能落地建设，老百姓的绿色福利得不到充分保障。缺乏相关的技术标准规范和定额标准，无法保障园林绿化建设管理的专业化和精细化，不可避免地出现资源浪费、绿地功能不完善、生态效益低下等问题。

误区1：宣传和认识不到位。园林绿化法规制度的宣传教育往往局限于园林系统内部，没有得到有效普及，没有形成社会共识，以致破坏园林绿化成果，侵占绿地，违规违法砍伐移植大树、古树等行为得不到及时有效的遏制和惩处。

误区2：普遍存在两种偏见，其一是园林绿化是锦上添花，可有可无；其二是植物可以砍了再种、移了更新，没什么大不了的。随着综合执法的全面推行，园林绿化因缺乏独立的执法队伍、缺乏专业的执法人员等，导致执法不严、违法不究、说情免

注：绿地遭破坏、侵占。

责等现象屡见不鲜。一方面园林绿化成果得不到有效保护，另一方面造成全社会对园林法规的轻视。

误区3：城市绿地是"唐僧肉"，尤其是公园绿地是肥而易得的"唐僧肉"。随着城市快速发展与土地不可增长之间的矛盾越来越突出，无论修地铁、扩马路等，还是建商场、停车场等商业开发，被占用、被毁坏的常常是绿地，甚至包括公园绿地。

【正确做法】

园林绿化涉及国土资源、城乡规划、环境保护、林业水利、交通运输等诸多法律关系，在技术层面上又涉及规划、设计、建筑、生物、水文、地质、气象、文化、艺术等多个学科，既要高度重视园林法规制度和标准规范的建设完善，又要注重园林法规标准与相关领域、相关行业的协调与融合。

1.遵照党中央国务院关于生态文明建设、新型城镇化发展、生态保护、绿色发展等战略部署，根据全国城市园林绿化行业发展规划及《城市绿化条例》等法规要求，建立健全符合本地实际情况的园林绿化规划、设计、施工、养护、保护与修复、提升、发展等方面的法规制度和标准规范，实现城市园林绿化的科学规划、规范建设、精细化专业化管理和依法保护、全面提升发展。

2.放管服结合，建立公平开发、竞争有序、诚信规范的园林绿化市场管理体系。

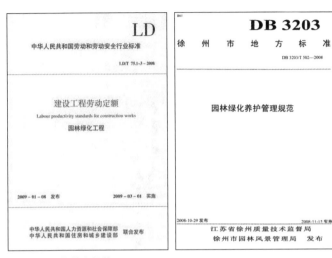

注：园林绿化技术规范。

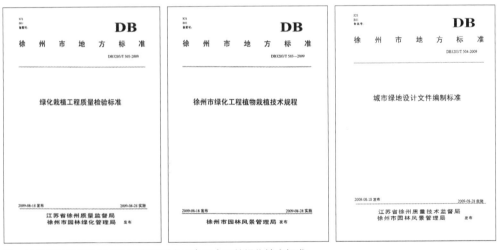

注：徐州市市政园林局与市质监局联合颁布三个园林绿化地方标准。

（77）绿地系统规划是城市园林绿化建设管理的龙头

园林绿化涉及城市生态格局和生产生活空间的规划布局，是城市建设和发展的重要生态基底，是美丽宜居环境的主体要素。根据城市总体规划，科学制定城市各类绿地发展指标，合理安排城市各类绿地建设和市域大环境绿化的空间布局，实现保护修复城市生态环境、优化改善城市人居环境和促进城市可持续发展目标，是城市园林绿化建设管理的首要内容。

【易入误区】

误区1：一些地方重视规划编制，但不重视规划落实。缺乏严格的实施计划和保障措施，规划绿地难以落地建设，公园绿地服务半径、住宅区绿地率、道路绿化率等常常不达标。

误区2：受不恰当的利益驱动，随意改变规划绿地的性质或在绿地上违规搞建设。

【正确做法】

1. 城市绿地系统规划是城市总体规划的强制性内容，在城市总体规划中具有基础性地位，应当明确城市规划周期内园林绿化的建设发展目标和各类绿地及相关指标。

2. 完善保障措施，制订规划期限内细化到年度的建设计划，并列入本地社会经济发展计划。

3. 加强规划执行与管理。城市园林绿化主管部门会同规划、执法等部门，对园林绿化从规划设计、施工建设、养护管理到保护发展全过程进行指导和监督，禁止任何随意改变规划、侵占绿地的违法违规行为。

（78）近期建设规划和项目库编制是实施绿地系统规划的基本保障

近期建设规划是根据绿地系统规划，对近期（一般3～5年）建设目标、绿地布局、主要建设项目及实施工作所做的具体安排，是实施绿地系统规划的重要步骤，也是衔接国民经济与社会发展规划的重要环节。

【易入误区】

误区1：没有编制近期建设规划，一方面园林绿化建设随意性很大，最终绿地建设现状偏离规划越来越远；另一方面因绿地系统规划的实施周期过长，规划常常变成了空话。

误区2：以修建性详规代替近期建设规划。

误区3：没有建立项目库，或项目储备不足、准备周期短，与国民经济与社会发展计划脱节。

【正确做法】

1. 在绿地系统规划的宏观指引下，编制近期绿地建设规划，落实各类绿地的建设进度安排。

2. 滚动编制近期绿地建设规划，与绿地系统规划和修建性详细规划相对接，并按其实施情况反向指导绿地系统规划修编。

3. 近期绿地建设规划应按年度分解落实，并与政府年度投资计划相衔接。

4. 建立项目库，实施项目跟踪评估考核。

（79）绿色图章制度是绿地建设全过程管理的抓手

"绿色图章"即绿化管理审批专用章，是城市绿化管理部门对建设工程附属绿化项目进行方案审查和竣工验收后的签章，是落实绿线管理制度的重要手段。

【易入误区】

误区1：园林绿化主管部门在建设工程配套园林绿化项目设计方案审查及竣工验收等关键环节没有话语权，绿地率控制和园林绿化工程质量监督管理基本流于形式。

误区2：受体制机制原因造成的干预过多，一些城市的绿色图章制度形同虚设。

【正确做法】

1.以绿地系统规划为依据，实施绿色图章管理，严格把好配套园林绿化工程项目审查、设计方案审核关。

2.将监督管理贯穿园林绿化工程建设的全过程，正确行使建设工程竣工验收绿色图章一票否决权。

（80）城镇园林绿化要始终坚持以人为本

城市园林绿化与植树造林的本质就在于为百姓服务，一是营造近自然生态环境，二是改善生产生活环境，提供绿色公共服务（休闲、游憩、健身、交友、文化教育、情操陶冶、防灾避险，等等）。公园绿地作为城镇居民日常生活中不可或缺的第三空间，对提高百姓幸福感和获得感具有重要的现实意义。

园林绿化的基本原则就是因地制宜、生态优先和以人为本，特别是公园要始终姓"公"。

【易入误区】

误区1：实施公园提质改造时忽视老旧公园的历史文化价值，对老公园大拆大改，破坏老公园的历史风貌、文化内涵和地域特色。

误区2：管养投入不足，公园管理部门不得不通过商业经营来贴补运营维护和人员费用的不足，如违规出租公园内配套服务设施、违规增设游乐、餐饮等设施，过度商业化，甚至将公园绿地变相为商业配套绿地，把为广大老百姓服务的绿色福利变成少数人的专利。

误区3：公园绿地内功能分区不明确，无法满足不同入园游人的需求。

【正确做法】

1. 完善公园绿地功能。合理增加安保、雨水收集利用、绿色照明体系和应急避难场地，建立健全无障碍设施体系，引入"互联网＋"项目，提升服务质量。如举办公园园艺讲堂等公益活动。

2. 重视老旧公园的提质改造。老旧公园是一个城市发展过程的缩影，具有独特的文化价值、景观价值、历史意义等。在保持其历史格局和植物群落总体稳定的同时，对局部效果较差的节点进行再设计、再提升，建立常态化的维修保养及养护更新机制。

3. 加强公园绿地的养护与管理，提升养护管理硬件系统。合理设置专用设施、设备系统，形成专业有效的园区维护硬件支撑体系，保障公园的长效管理。

4. 推广市民园长管理模式，借助各方资源，实现社会共管共治。

注：北京市重视老公园的改造提升和维护管理，图为修缮改造后的月坛公园。

注：老公园内合理安放的服务设施。

注：指示牌、导游图等配套设施齐全，且美观大方得体。

（81）公园配套服务设施应符合公益性要求

公园为满足其功能需要，建设部分配套设施，提升服务水平和服务质量是必要的。保证设施项目为大众服务，充分发挥公共资源的作用，是执政为民的必然要求。

【易入误区】

误区1：公园规划建设方案中没有安排配套经营服务设施或总量不足，公园建成后为了满足入园游人需要而乱搭乱建，违规设置经营项目。

误区2：公园内配套服务设施配置达标，但因政府投入管养资金不足，公园就擅自扩建经营性服务设施，以经营收入补贴运营和人员费用不足，以园养园。

误区3：将公园景区内的园林建筑出租或承包，擅自改变公园设施属性。服务设施出租、承包后不加强监管。

误区4：以文化交流为名，引进车展、会展、商展，侵占百姓活动空间。圈地改建"园中园"，变成为少数人服务的场所。

误区5：疏于管理，公园内出现乱设摊点、无证经营、噪声扰民、污染环境等问题。

注：公园内举办车展，影响市民群众游园活动，变相侵害老百姓公共利益（绿色福利）。

注：公园内违规设置会馆、健身会所。

【正确做法】

1. 公园内设置配套服务设施要符合公园规划布局要求，与公园功能定位以及周边环境、景观等相协调。

2. 公园管理单位应以游客需求为导向，以服务大众为目标，编制配套服务经营管理制度与实施方案。

3. 公园配套服务经营活动应符合《城市公园配套服务项目经营管理暂行办法》（建成[2016]36号）的要求，接受相关行政主管部门和公园管理单位的监督管理。

4. 严禁任何与公园公益性质及服务游人宗旨相违背的经营行为。

注：公园内设置的永久性为民服务设施。

注：公园内为游人设置的便民设施。

注：常州市红梅公园——服务设施纳入公园整体规划，与全园景观环境融为一体。

（82）引入社会资本不能取代政府为主的园林绿化投入方式

城市园林绿化作为为城市居民提供公共服务的社会公益事业和民生工程，承担着生态环保、休闲游憩、景观营造、文化传承、科普教育、防灾避险等多种功能，其建设管养和保护提升的相关投入都应当以政府投入为主，切实保障老百姓的公共绿色福利。鼓励和引导社会资本进入并支持园林绿化行业发展，必须以保障公益性为基本原则，政府主导、全社会支持、全民参与，共谋共建共管共享宜居环境、和谐社会。

【易入误区】

误区1：忽视园林绿化的公益属性，过度强调园林绿化、生态保护与修复建设、管理的市场化运作。

误区2：以引入社会资本为由，减少政府投入或政府根本不投入。

误区3：部分PPP、众筹项目缺乏专业论证，导致从规划设计到建设到运营监督管理的机制缺失。

误区4：有些社会化投资过分注重以公共绿地资源为赢利点，管理部门缺乏有效的专业指导和监督考核机制。

注：公园里过多的商业设施，影响游园环境、弱化了公园主体功能。

注：公园绿地内违规开展的各类商业活动。

【正确做法】

1. 鼓励、引导社会资本进入园林绿化行业，筛选出合适的能够保障园林绿化公益性的项目，采取PPP等模式参与园林绿化建设和管理。而非为了偿还社会资金，把公园变成商业开发场所。

2. 对于实行PPP模式的园林绿化建设项目，要建立从规划到建设到养护管理的跟踪、监管机制，确保工程建设质量、养护管理水平和公共绿地公益性质。

3. PPP项目建成运营后，园林绿化部门应建立长期监管机制，确保公园绿地的公益性质和为大众服务的正确方向。

4. 鼓励园林绿化养护管理引入市场化竞争，但任何部门和个人不得利用公园绿地进行商业化运作。

（83）数字园林智慧园林要首先建立标准化信息化管理系统

建立健全园林绿化管理服务信息系统，可以高效地实现园林绿化系统的管理、分析、决策科学化。

【易入误区】

误区1：习惯于传统的管理手段和方式，不重视信息化管理系统的建设。

误区2：信息采集口径及技术规范不统一，难以实现数据交换与信息共享，影响了园林信息管理系统的权威性、便捷性与指导性。

误区3：以城市综合管理系统中的园林管养监控信息平台代替园林绿化管理信息系统。

【正确做法】

1. 建立"部—省—市—县（区）"统一的园林绿化管理服务信息系统，统一信息采集标准、数据格式、技术接口等，建立园林绿化资源和基础资料数据库，实现部省市管理信息系统基础数据交换和信息共享。

2. 管理服务信息系统应当具备：基于GIS技术的基础数据统计分析、规划执行分析、建设项目辅助决策和审核管理、公园绿地服务半径实时分析、监管信息交换、生态效益监测数据分析、基础数据交换查询等基本功能。

3. 管理服务信息系统应包含：绿地系统规划、城市绿线、各类现状绿地、古树名木、乡土适生植物名录及应用情况、园林绿化项目档案（设计、审核、竣工）、养护管理（合同、标准、考核）、诚信体系、园林科研、企业诚信、专业技术人员、标准定额、法规文件等数据库。

4. 创新互联网应用，建设"智慧园林"。加大信息公开力度，全方位、实时公开政务信息，有效地保障公开信息的准确性、规范性、完整性和时效性，建立健全网上办事和服务窗口。

注：重庆市园林绿化信息管理系统。

（84）保护古树名木就是保护城市的历史与记忆

古树名木作为不可再生资源，是活化石，是历史的见证，是城市的名片，是"乡愁"的寄托，失而不可复得。被毁就意味着一段历史的缺失，保护古树名木就是保护城市历史和记忆，就是保护城市基因和传承。

【易入误区】

误区1：将古树名木视为一般树木，没有按相关管理要求开展普查、挂牌、建档、专人专款保护；在城市改造和建设开发过程中，没有想尽办法来合理避让、保护古树名木。

误区2：对古树名木的保护管理依然停留于传统的统计、档案管理模式，没有进行古树名木空间定位普查，一一标牌立档。有些城市做了GPS定位跟踪等信息管理系统，但仅限于园林绿化主管部门内部使用，不能实现共联共享，无法满足社会监督需要。

误区3：片面强调"谁所有谁保护"，没有专项资金保障，对古树名木受损状况熟视无睹，甚至为了实现"古城新貌"而恣意砍伐古树名木。

【正确做法】

1.对古树名木进行GPS坐标定位，将其空间及基础数据整理录入数据库，与规划、国土等部门共享，让规划等相关部门"心中有树"，在城市建设与开发中有意识地避让和保护古树名木。

2.充分利用信息管理系统，对古树名木实施精准化、实时化的管理，并将养护管理信息录入数据库。利用动态化的数据分析，对养护情况进行监督、检查，实现保护目标。

3.加强对古树名木后备资源的管理，及时补充更新古树名木数据库系统，将准古树列入保护范围。

4.强化责任追究，对破坏古树名木的相关行为人，依法严肃惩处。

注：北京市天宁寺立交桥修建时为避让古树而桥体开天窗。北京全市道路中共有183处为保护古树名木而合理避让。

注：辋川别业已不见踪影，但王维手植银杏仍在见证着这段历史。

注：北京市对全市域范围内4万多株古树名木全部进行GIS坐标定位，并把定位信息数据提交规划管理部门共享，规划部门在建设项目审批时，事先要求建设单位提出合理避让古树的措施，避免"心中无树"而不得不移植古树名木，甚至导致其死亡。

（85）正常行使行业管理职能必需健全的管理机构和专业人才队伍

园林绿地类型众多，建设投资和养护管理的主体也多，与城市建筑、道路、桥梁、地下管网、地铁、广场等各项城市建设都密切相关，涉及部门多、利益方面广、统筹协调工作复杂。城市人民政府只有按照国务院关于城市园林和城市绿化管理的职能要求、按照党中央关于生态文明建设和城市规划建设管理等要求，尊重园林绿化行业发展的内在规律，设立专门的园林绿化行业管理部门，建立健全与正常行使城市园林绿化规划、建设、管理和保护发展职能相匹配的人才队伍，才能有效统筹城市绿色生态基础设施与灰色市政设施、促进协调发展，保护和修复城市生态环境、打造美丽宜居生产生活环境，推动城市绿色发展，提升城市品位和吸引力、凝聚力。

【易入误区】

误区1：机构不健全，人员编制过少。

误区2：机构职能不明确，片面地将园林绿化管理机构理解为绿地日常养护管理作业队伍或工程建设单位。

误区3：忽视专业人才队伍的建设和培养教育，无法实现园林绿化专业化精细化管理。

【正确做法】

1.城市政府设立专门的归属城建系统的园林绿化管理机构，合理配置专业管理人员，能够正常地、独立地行驶园林绿化行业管理职能，包括研究制定政策法规、技术标准规范、养护管理定额标准，编制绿地系统规划，园林绿化工程项目从立项到招投标、设计、勘察、施工、养护等全过程指导与监督管理以及监管执法等。

226

2.建立健全的园林绿化管理和技术人员管理制度，以及能够吸引专业人才、留住专业人才、激励人才队伍提升发展的管理机制，能有效防止机构频繁撤并、技术与管理人才流失。

绿化执法

数字化监控

注：徐州市市政园林局园林绿化执法管理数字化。

（86）园林绿化专业化精细化管理必须依靠专业人才队伍

风景园林是一门建立在广泛的自然科学和人文艺术科学基础上的应用学科。涉及理工学科（生物学、地理地质学、土木建筑学、环境科学等）、农林学科（园艺学、林学）、医学生理学学科（环境心理学、环境行为学）、艺术美学以及社会人文学科等。建立健全与城市规模、经济社会发展水平等相匹配的专业人才队伍，才能保障城市园林绿化事业健康、可持续发展，才能保证各类城市绿地建设管理达到专业化精细化水平、保证城市人居环境美丽宜人。

【易入误区】

误区1：对园林绿化的专业性质和专业化要求认识不足，将园林绿化等同于植树造林或简单的栽花种树植草，误以为不需要专业的领导干部来执政园林绿化主管部门。很多在园林绿化管理部门干了十多年甚至几十年的领导被调离，包括管技术的总工。

误区2：缺乏专业人才培训教育和继续培养机制。认为专业技术人员都经过专业（高等）教育，无须进行培训，造成园林绿化管理和专业技术人员知识结构老化，新技术、新产品、新工艺的研究与推广应用乏力。

【正确做法】

1. 将园林绿化行业管理和专业技术培训纳入省、市、县技术与管理干部培训教育计划，每年都组织开展管理和技术人员培训学习，分类组织专题考察交流学习。

2. 强化上岗培训，鼓励持证上岗。

3. 激励在职人员参加成人教育、攻读在职研究生等，促进技术与管理人员学习掌握国内外园林绿化先进技术、技能，了解最新产品和工艺等。

4. 大力弘扬传、帮、带，在实践中推进园林绿化传统技艺传承和园林绿化施工技术进步。倡导产学研相结合，请进来、送出去，与时俱进，进一步完善知识结构，提高专业技术水平。

注：湖北省住房和城乡建设厅组织园林绿化技术管理培训班，请名师（孟兆祯院士）授课。

注：浙江人文园林与上海园冶文创共同举办的园林植物应用培训。

（87）科研与创新才是园林绿化行业持续发展的恒动力

"科学技术是第一生产力"。园林绿化是物质文明、精神文明和生态文明的交汇与融合，各地应建立与城市规模、社会经济发展水平、园林绿化行业现状等相匹配的园林绿化科研机构，健全科研技术队伍，开展园林文化、园林艺术、造园工艺、园林植物新品种培育、乡土植物选育扩繁、园林资材生产与应用等方面的研究，促进城市园林绿化建设管理水平的全面提升。

【易入误区】

误区1：认为全国园林类高等院校及相关科研院所众多，地方城市没有必要设立园林绿化科研机构，没有必要搞园林科研。

误区2：园林科研与本地区行业发展需要脱节，为科研而科研；或者以改革创新为由头，将园林科研单位推向市场，迫使科技机构偏离科研的本质定位去搞市场化经营。

误区3：园林科研单位有名无实，既没有固定财政资金保障，也没有相应的人员编制，既申请不到科研项目，更无力搞自主创新研发。

误区4：园林科研单位普通缺乏对外交流与合作，常常因为信息掌握不对称而重复投入、重复研究，造成大量人财物浪费。

【正确做法】

1. 根据城市规模、地位（一般省管县级市及地级以上城市）等实际情况，设立公益类园林绿化科研机构，建立健全激励创新、激励科研成果应用转化等园林绿化科研管理机制，建立健全科研人才队伍，足额保障财政投入。如北京市园林科学研究院、兰州市园林科研所。

2. 结合园林绿化行业存在的问题、行业发展需要以及城市发展需要等开展实用性技术研究，包括新优品种引选育、生态园林营造技术及评价体系、生境立地条件评价与调控、种植土壤生态修复技术、植物病虫害可持续治理技术、互联网+园林等。如北京市园林科学研究院适应园林绿化行业全面推广立体绿化的需要，专门立项开展"种植屋面用耐根穿刺防水卷材的耐根穿刺性能检测及相关研究"，并在试验研究的基础上成立防水卷材耐根穿刺检测室。

3. 注重科技成果的转化与推广应用，为园林绿化科学建管提供有力的技术支撑。同时，通过全国园林科技协作信息网的建立，强化全国园林绿化行业的科研交流与合作，关注世界前沿园林科技动向，实时共享最新科研成果。如北京市为迎奥运而开展的"北京奥运绿化和美化科技工程——城市园林绿化关键技术研究（2003—2006）"，研究内容包括新技术、新材料和植物新品种等的研发、示范应用等。该课题选育的很多园林植物新品种尤其是耐高温、耐粗放管养的新品种，在随后的奥运场馆以及北京市公园绿地中广泛应用。

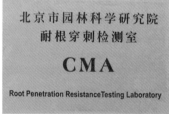

注：检测用植物火棘穿透供试卷材。　　注：耐根穿刺检测室。

注：北京园林科学研究院技术人员正在做土壤检测。

注：江苏省中国科学院植物研究所与徐州市市政园林局开展产学研合作，互利双赢。

附录1：十八大以来习近平同志关于生态文明建设等讲话摘录

1. 2013年4月2日，习近平同志在参加首都义务植树活动时指出：

全社会都要按照党的十八大提出的建设美丽中国的要求，切实增强生态意识，切实加强生态环境保护，把我国建设成为生态环境良好的国家。

2. 2013年4月8日至10日，习近平同志在海南考察工作时指出：

保护生态环境就是保护生产力，改善生态环境就是发展生产力。良好的生态环境是最公平的公共产品，是最普惠的民生福祉。青山绿水、碧海蓝天是建设国际旅游岛的最大本钱，必须倍加珍爱、精心呵护。希望海南处理好发展和保护的关系，着力在"增绿"、"护蓝"上下功夫，为全国生态文明建设当个表率，为子孙后代留下可持续发展的"绿色银行"。

3. 2013年5月24日，习近平同志在中共中央政治局第六次集体学习会议上指出：

生态环境保护是功在当代、利在千秋的事业；建设生态文明，关系人民福祉，关乎民族未来。

国土是生态文明建设的空间载体。要按照人口资源环境相均衡、经济社会生态效益相统一的原则，整体谋划国土空间开发，科学布局生产空间、生活空间、生态空间，给自然留下更多修复空间。要坚定不移地加快实施主体功能区战略，严格按照优化开发、重点开发、限制开发、禁止开发的主体功能定位，划定并严守生态红线，构建科学合理的城镇化推进格局、农业发展格局、生态安全格局，保障国家和区域生态安全，提高生态服务功能。要牢固树立生态红线的观念。在生态环境保护问题上，不能越雷池一步，否则就应该受到惩罚。

要正确处理好经济发展同生态环境保护的关系，牢固树立保护生态环境就是保护生产力、改善生态环境就是发展生产力的理念，更加自觉地推动绿色发展、循环发展、低碳发展，绝不以牺牲环境为代价去换取一时的经济增长。

4. 2013年9月7日，习近平同志在哈萨克斯坦纳扎尔巴耶夫大学回答关于环境保护的问题时强调：

建设生态文明是关系人民福祉、关系民族未来的大计。中国要实现工业化、城镇化、信息化、农业现代化，必须要走出一条新的发展道路。中国明确把生态环境保护摆在更加突出的位置。我们既要绿水青山，也要金山银山。宁要绿水青山，不要金山银山，而且绿水青山就是金山银山。我们绝不能以牺牲生态环境为代价换取经济的一时发展。我们提出了建设生态文明、建设美丽中国的战略任务，给子孙留下天蓝、地绿、水净的美好家园。

5. 2013年9月23日至25日，习近平同志在参加河北省委常委班子党的群众路线教育实践活动专题民主生活会时指出：

要给你们去掉紧箍咒，生产总值即便滑到第七、第八位了，但在绿色发展方面搞上去了，在治理大气污染、解决雾霾方面做出贡献了，那就可以挂红花、当英雄。反过来，如果就是简单为了生产总值，但生态环境问题越演越烈，或者说面貌依旧，即便搞上去了，那也是另一种评价了。

6. 2013年11月，习近平同志在党的十八届三中全会上指出：

我们要认识到，山水林田湖是一个生命共同体，人的命脉在田，田的命脉在水，水的命脉在山，山的命脉在土，土的命脉在树。

城镇化是涉及全国的大范围社会进程，一开始就要制定并坚持好正确原则，一旦走偏，要纠正起来就难了。城镇化不同于其他建设，房子造起来了，路开通了，水泥地铺上了，要走回头路就难了。基本原则，我看主要是四条。一是以人为本。推进以人为核心的城镇化，提高城镇人口素质和居民生活质量，把促进有能力在城镇化稳定就业和生活的常住人口有序实现市民化作为首要任务。二是优化布局。根据资源环境承载能力构建科学合理的城镇化宏观布局，把城市群作为主体形态，促进大中小城市和小城镇合理分工、功能互补、系统发展。三是生态文明。着力推进绿色发展、循环发展、低碳发展，尽可能减少对自然的干扰和损害，节约集约利用土地、水、能源等资源。四是传承文化。发展有历史记忆、地域特色、民族特点的美丽城镇，不能千城一面、万楼一貌。

城镇建设水平，不仅关系居民生活质量，而且也是城市生命力所在。目前，城镇建设中出现了不少让老百姓诟病的问题，一些地方大拆大建、争盖高楼，整个城市遍地都是工地；城市建设缺乏特色、风格单调；一些城市建设贪大求洋，一些干部追求任期内的视觉效果；一些城市漠视历史文化保护，毁坏城市古迹和历史记忆；一些城市教育、卫生、文化、体育等基本公共服务不配套，给市民带来极大不便。这些问题，既与城市建设经验和能力不足有关，也与一些干部急于求成、确定的定位过高、提出的口号太多有关。这极不符合城市发展规律，也不符合人民利益。城市建设是一门大学问，一定要本着对历史、对人民高度负责的态度，切实提高城市建设水平。

7. 2013年12月12日，习近平同志在中央城镇化工作会议上讲话指出：

要让城市融入大自然，不要花大气力去劈山填海，很多山城、水城很有特色，完全可以依托现有山水脉络等独特风光，让居民望得见山、看得见水、记得住乡愁。

8. 2014年1月28日，习近平同志在蒙草公司研发中心考察时指出：

像城市绿化，有的地方就是搞"奇花异草"，成本很高，不可持续，有的靠外来引进，但是不适宜，所以要走一条能够符合自己规律，符合国情的推广之路。

9. 2014年2月25日，习近平同志在北京市规划展览馆考察时指出：

网上有人给我建议，应多给城市留点"没用的地方"，我想就是应多留点绿地和空间给老百姓。

10. 2015年1月19日至21日，习近平同志在云南调研时强调：

要把生态环境保护放在更加突出位置，像保护眼睛一样保护生态环境，像对待生命一样对待生态环境，在生态环境保护上一定要算大账、算长远账、算整体账、算综合账，不能因小失大、顾此失彼、寅吃卯粮、急功近利。

11. 2015年3月6日下午，习近平同志在参加十二届全国人大三次会议江西代表团的审议时再次强调：

要把生态环境保护放在更加突出位置，环境就是民生，青山就是美丽，蓝天也是幸福。要着力推动生态环境保护，像保护眼睛一样保护生态环境，像对待生命一样对待生态环境。对破坏生态环境的行为，不能手软，不能下不为例。

12. 2015年4月3日，习近平同志在参加首都义务植树活动时强调：

植树造林是实现天蓝、地绿、水净的重要途径，是最普惠的民生工程。要坚持全国动员、全民动手植树造林，努力把建设美丽中国化为人民自觉行动。

13. 2015年5月27日，习近平同志在浙江召开华东七省市党委主要负责同志座谈会时指出：

协调发展、绿色发展既是理念又是举措，务必政策到位、落实到位。要科学布局生产空间、生活空间、生态空间，扎实推进生态环境保护，让良好生态环境成为人民生活质量的增长点，成为展现我国良好形象的发力点。

14. 2015年7月16日至18日，习近平总同志在吉林调研时强调：

东北地区等老工业基地振兴战略要一以贯之抓，同时东北老工业基地振兴要在新形势下、新起点上开始新征程。要大力推进生态文明建设，强化综合治理措施，落实目标责任，推进清洁生产，扩大绿色植被，让天更蓝、山更绿、水更清、生态环境更美好。

15. 2015年9月28日，习近平同志在第七十届联合国一般性辩论时的讲话强调：

我们要构筑尊崇自然、绿色发展的生态体系。人类可以利用自然、改造自然，但归根结底是自然的一部分，必须呵护自然，不能凌驾于自然之上。

16. 2015年11月3日，习近平同志在关于《中共中央关于制定国民经济和社会发展第十三个五年规划的建议》的说明中提出：

"十三五"时期我国发展，既要看速度，也要看增量，更要看质量，要着力实现有质量、有效益、没水分、可持续的增长，着力在转变经济发展方式、优化经济结构、改善生态环境、提高发展质量和效益中实现经济增长。

17. 2015年11月7日习近平同志在新加坡国立大学的演讲时指出：

坚持绿色发展，就是要坚持节约资源和保护环境的基本国策，坚持可持续发展，形成人与自然和谐发展现代化建设新格局，为全球生态安全做出贡献。

18. 2015年12月20日，习近平同志在中央城市工作会议上指出：

从发达国家城市化发展的一般规律看，我国开始进入城镇化较快发展的中后期。这一时期城镇化发展会有几个显著特点。一是城镇化速度将从高速增长发转向中高速增长。二是城市发展将转向规模扩张和质量提升并重阶段。三是由于城市基础设施、公共服务水平、城市管理能力等不能适应城市化快速发展的需要，各种城市病有可能集中爆发。四是大量流动人口涌入城市，对城市社会结构将造成较大冲击，社会矛盾触点多、燃点低，容易出现一些突发性事件。五是城市发展方式不足将逐步显现、边际效用递减，而资源环境成本和社会成本将不断递增，迫切需要转变城市发展方式。

城市工作是一个系统工程。做好城市工作，要顺应城市工作新形势、改革发展新要求、人民群众新期待，坚持以人民为中心的发展思想，坚持人民城市为人民。这是我们做好城市工作的出发点和落脚点。同时，要坚持集约发展，框定总量、限定容量、盘活存量、做优增量、提高质量、立足国情、尊重自然、顺应自然、保护自然，改善城市生态环境，在统筹上下功夫，在重点上求突破，着力提高城市发展持续性、宜居性。

19. 2016年1月26日，习近平同志主持召开中央财经领导小组第十二次会议时强调：

搞好城市内绿化，使城市适宜绿化的地方都绿起来。搞好城市周边绿化，充分利用不适宜耕作的土地开展绿化造林；搞好城市群绿化，扩大城市之间的生态空间。

20. 2016年2月，习近平同志在江西考察时强调：

绿色生态是江西的最大财富、最大优势、最大品牌，一定要做好治山理水、显山露水的文章，走出一条经济发展和生态文明水平提高相辅相成、相得益彰的路子。

21. 2016年4月5日，习近平同志在参加首都义务植树活动时强调：

中华民族伟大复兴要靠全体中华儿女共同奋斗。"十三五"时期既是全面建成小康社会的决胜阶段，也是生态文明建设的重要时期。各级领导干部要带头参加义务植树，身体力行在全社会宣传新发展理念，发扬前人栽树、后人乘凉精神，多种树、种好树、管好树，让大地山川绿起来，让人民群众生活环境美起来。

22. 2016年8月，习近平同志在青海视察期间指出：

循环利用是转变经济发展模式的要求，全国都应该走这样的路，青海要把这件事情办好，提供示范作用。最重要的还有生态环境保护，青海资源也是全国资源，资源怎么利用、怎么保护，要有全国一盘棋思想，要在保护生态资源的前提下搞好开发利用。

23. 2016年12月，习近平同志在全国生态文明建设工作推进会上强调：

要把生态文明建设纳入制度化、法治化轨道。要加大环境督查工作力度，严肃查处违纪违法行为，着力解决生态环境方面突出问题，让人民群众不断感受到生态环境的改善。

24. 2017年1月，习近平同志在联合国日内瓦总部演讲时指出：

我们不能吃祖宗饭、断子孙路，用破坏性方式搞发展。绿水青山就是金山银山。我们应该遵循天人合一、道法自然的理念，寻求永续发展之路。

25. 2017年3月29日，习近平同志在参加义务植树活动时指出：

近些年来，国土绿化行动深入推进，取得显著成效，但同生态文明建设的要求相比，我国绿色还不够多、不够好，我们要继续加油干。各级党委和政府要以功成不必在我的思想境界，统筹推进山水林田湖的综合治理，加快城乡绿化一体化建设步伐，增加绿化面积，提升森林质量，持续加强生态保护，共同把祖国的生态环境建设好、保护好。

26. 2017年5月26日，习近平同志主持中共中央政治局第四十一次集体学习时指出：

推动形成绿色发展方式和生活方式，是发展观的一场深刻革命。这就要坚持和贯彻新发展理念，正确处理经济发展和生态环境保护的关系，像保护眼睛一样保护生态环境，像对待生命一样对待生态环境，坚决摒弃损害甚至破坏生态环境的发展模式，坚决摒弃以牺牲生态环境换取一时一地经济增长的做法，让良好生态环境成为人民生活的增长点、成为经济社会持续健康发展的支撑点、成为展现我国良好形象的发力点，让中华大地天更蓝、山更绿、水更清、环境更优美。

要充分认识形成绿色发展方式和生活方式的重要性、紧迫性、艰巨性，把推动形成绿色发展方式和生活方式摆在更加突出的位置，加快构建科学适度有序的国土空间布局体系、绿色循环低碳发展的产业体系、约束和激励并举的生态文明制度体系、政府企业公众共治的绿色行动体系，加快构建生态功能保障基线、环境质量安全底线、自然资源利用上线三大红线，全方位、全地域、全过程开展生态环境保护建设。

一要加快转变经济发展方式。根本改善生态环境状况，必须改变过多依赖增加物质资源消耗、过多依赖规模粗放扩张、过多依赖高能耗高排放产业的发展模式，把发展的基点放到创新上来，塑造更多依靠创新驱动、更多发挥先发优势的引领型发展。这是供给侧结构性改革的重要任务。二要加大环境污染综合治理。要以解决大气、水、土壤污染等突出问题为重点，全面加强环境污染防治，持续实施大气污染防治行动计划，加强水污染防治，开展土壤污染治理和修复，加强农业面源污染治理，加大城乡环境综合整治力度。三要加快推进生态保护修复。要坚持保护优先、自然恢复为主，深入实施山水林田湖一体化生态保护和修复，开展大规模国土绿化行动，加快水土流失和荒漠化石漠化综合治理。四要全面促进资源节约集约利用。生态环境问题，归根到底是资源过度开发、粗放利用、奢侈消费造成的。资源开发利用既要支撑当代人过上幸福生活，也要为子孙后代留下生存根基。要树立节约集约循环利用的资源观，用最少的资源环境代价取得最大的经济社会效益。五要倡导推广绿色消费。生态文明建设同每个人息息相关，每个人都应该做践行者、推动者。要加强生态文明宣传教育，强化公民环境意识，推动形成节约适度、绿色低碳、文明健康的生活方式和消费模式，形成全社会共同参与的良好风尚。六要完善生态文明制度体系。推动绿色发展，建设生态文明，重在建章立制，用最严格的制度、最严密的法治保护生态环境，健全自然资源资产管理体制，加强自然资源和生态环境监管，推进环境保护督察，落实生态环境损害赔偿制度，完善环境保护公众参与制度。

附录2：相关法规标准

一、法律法规与中央国务院文件

1. 中华人民共和国城乡规划法（2007年10月28日第十届全国人民代表大会常务委员会第三十次会议通过，2007年10月28日中华人民共和国主席令第七十四号公布，自2008年1月1日起施行。《中华人民共和国城市规划法》同时废止）

2. 城市绿化条例（1992年6月22日中华人民共和国国务院令第100号发布，自1992年8月1日起施行）

3. 建设工程质量管理条例（2000年1月30日中华人民共和国国务院令第279号公布，自公布之日起施行）

4. 国务院关于加强城市绿化建设的通知（2001年5月31日国发〔2001〕20号）

5. 国务院关于印发全国生态环境保护纲要的通知（国发〔2000〕38号）

6. 生物多样性公约（1992年11月7日通过，于1993年12月29日生效）

7. 关于加强湿地保护管理的通知（国办发〔2004〕50号）

8. 中国生物多样性保护战略与行动计划（2010年9月17日发布，时限2011—2030年）

9. 国务院办公厅转发建设部关于加强城市总体规划工作意见的通知（国办发〔2006〕12号）

10. 国务院办公厅关于印发住房和城乡建设部主要职责内设机构和人员编制规定的通知（国办发〔2008〕74号）

11. 中华人民共和国野生植物保护条例（1996年9月30日中华人民共和国国务院令第204号发布，自1997年1月1日起施行）

12. 中华人民共和国植物新品种保护条例（1997年3月20日中华人民共和国国务院令第213号公布，自1997年10月1日起施行，根据2013年1月31日《国务院关于修改〈中华人民共和国植物新品种保护条例〉的决定》修订）

13. 国务院关于加强城市基础设施建设的意见（2013年9月6日国发〔2013〕36号）

14. 中共中央国务院关于进一步加强城市规划建设管理工作的若干意见（中发〔2016〕6号）

15. 国务院办公厅关于印发湿地保护修复制度方案的通知（国办发〔2016〕89号）

二、规章

1. 城市动物园管理规定（1994年8月16日建设部令第37号发布，自1994年9月1日起施行，根据2001年9月7日《建设部关于修改〈城市动物园管理规定〉的决定》、2004年7月23日《建设部关于修改〈城市动物园管理规定〉的决定》修正）

2. 城市绿线管理办法（2002年9月9日建设部第63次常务会议审议通过，建设部令第112号发布，自2002年11月1日起施行）

3. 城市紫线管理办法（2003年11月15日建设部第22次常务会议审议通过，建设部令第119号发布，自2004年2月1日起施行）

4. 城市黄线管理办法（2005年11月8日经建设部第78次常务会议讨论通过，建设部令第144号发布，自2006年3月1日起施行）

三、部门文件

1. 城市绿化规划建设指标的规定（建城〔1993〕784号）

2. 关于加强城市绿地和绿化种植保护的规定（建城〔1994〕716号）

3. 关于深入学习贯彻中央领导同志生态环境建设重要指示，切实搞好城市园林绿化工作的通知（建城〔1998〕184号）

4. 建设部关于加强建设项目工程质量管理的通知（建城〔1998〕215号）

5. 城市古树名木保护管理办法（建城〔2000〕192号）

6. 城市绿地系统规划编制纲要（试行）（建城〔2002〕240号）

7. 关于加强城市生物多样性保护工作的通知（建城〔2002〕249号）

8. 国家城市湿地公园管理办法（试行）（建城〔2005〕16号）

9. 城市湿地公园规划设计导则（试行）（建城〔2005〕97号）

10. 国家重点公园管理办法（试行）（建城〔2006〕67号）

11. 关于建设节约型城市园林绿化的意见（建城〔2007〕215号）

12. 关于加强城市绿地系统建设提高城市防灾避险能力的意见（建城〔2008〕171号）

13. 中国国际园林博览会管理办法（建城〔2015〕89号）

14. 国家园林城市遥感调查与测试要求（建城园函〔2010〕150号）

15. 关于进一步加强动物园管理的意见（建城〔2010〕172号）

16. 住房和城乡建设部关于促进城市园林绿化事业健康发展的指导意见（建城〔2012〕166号）

17. 关于加强植物园植物物种资源迁地保护工作的指导意见（林护发〔2012〕248号）

18. 关于进一步加强公园建设管理的意见（建城〔2013〕73号）

19. 全国动物园发展纲要（建城函〔2013〕138号）

20. 住房和城乡建设部环境保护部关于印发《全国城市生态保护与建设规划（2015—2020年）》的通知（建城〔2016〕284号）

21. 住房和城乡建设部关于印发《国家园林城市系列标准及申报评审管理办法》的通知（建城〔2016〕235号）

22. 住房和城乡建设部关于印发《绿道规划设计导则》的通知（建城函〔2016〕211号）

23. 住房和城乡建设部关于印发《城市公园配套服务项目经营管理暂行办法》的通知（建城〔2016〕36号）

24. 住房和城乡建设部关于加强生态修复城市修补工作的指导意见（建规〔2017〕59号）

25. 住房和城乡建设部 国家发展改革委关于印发《全国城市市政基础设施建设"十三五"规划》的通知（建城〔2017〕116号）

四、标准规范

国家标准

1. 城市居住区规划设计规范 GB 50180—93（2002年版）（2002年3月11日发布，1994年2月1日起施行）

2. 城市绿地设计规范 GB 50420—2007（2007年5月21日发布，2007年10月1日施行）

3. 城镇污水处理厂污泥处置园林绿化用泥质 GB/T 23486—2009（2009年4月13日发布，2009年12月1日施行）

4. 城市园林绿化评价标准 GB/T 50563—2010（2010年5月31日发布，2010年12月1日施行）

5. 城市用地分类与规划建设用地标准 GB/T 50137—2011（2010年12月24日发布，2012年1月1日起施行）

6. 园林绿化工程工程量计算规范 GB 50858—2013（2012年12月25日发布，2013年7月1日施行）

7. 防灾避难场所设计规范 GB 51143—2015（2015年12月3日发布，2016年8月1日起实施）

8. 公园设计规范 GB 51192—2016（2016年8月26日发布，2017年1月1日实施）

行业标准规范

1. 风景园林图例图示标准 CJJ 67—95（1995年7月25日发布，1996年3月1日施行）

2. 城市道路绿化规划与设计规范 CJJ 75—97（1997年10月8日发布，1998年5月1日施行）

3. 城市用地竖向规划规范 CJJ 83—99（1999年4月22日发布，1999年10月1日施行）

4. 城市园林苗圃育苗技术规程 CJ/T 23—1999（1999年6月4日发布，1999年6月4日施行）

5. 城市绿化和园林绿地用植物材料木本苗 CJ/T 24—1999（1999年6月4日发布，1999年6月4日施行）

6. 城市绿化和园林绿地用植物材料球根花卉种球 CJ/T 135—2001（2001年4月20日发布，2001年10月1日施行）

7. 城市绿地分类标准 CJJ/T 85—2002（2002年6月3日发布，2002年9月1日施行）

8. 园林基本术语标准 CJJ/T 91—2002（2002年10月11日发布，2002年12月1日起施行）

9. 公路环境保护设计规范 JTG B04—2010（2010年5月7日发布，2010年7月1日施行）

10. 绿化种植土壤 CJ/T 340—2011（2011年5月17日发布，2011年12月1日施行）

11. 绿化用有机基质 LY/T 1970—2011（2011年6月10日发布，2011年7月1日施行）

12. 镇（乡）村绿地分类标准 CJJ/T 168—2011（2011年11月22日发布，2012年6月1日施行）

13. 风景园林标志标准 CJJ/T 171—2012（2012年2月8日发布，2012年8月1日施行）

14. 园林绿化工程施工及验收规范 CJJ 82—2012（2012年12月24日发布，2013年5月1日施行）

15. 国家重点公园评价标准 CJJ/T 234—2015（2015年6月30日发布，2016年2月1日施行）

16. 垂直绿化工程技术规程 CJJ/T 236—2015（2015年8月28日发布，2016年5月1日施行）

17. 动物园术语标准 CJJ/T 240—2015（2015年11月30日发布，2016年5月1日施行）

18. 动物园管理规范 CJJ/T 263—2017（2017年1月20日发布，2017年7月1日施行）

19. 风景园林基本术语标准 CJJ/T 91—2017（2017年1月10日发布，2017年7月1日施行）

20. 动物园设计规范 CJJ 267—2017（2017年2月20日发布，2017年9月1日施行）

图书在版编目（CIP）数据

践行绿色发展 服务绿色生活——园林绿化科学发
展指南 / 住房和城乡建设部城市建设司编著 . —北京：
中国建筑工业出版社，2017.9
ISBN 978-7-112-21242-2

Ⅰ.①践…　Ⅱ.①住…　Ⅲ.①园林—绿化—建设—
中国—指南　Ⅳ.①S732-62

中国版本图书馆CIP数据核字（2017）第229108号

责任编辑：李　杰　杜　洁
责任校对：李美娜　李欣慰

践行绿色发展　服务绿色生活
——园林绿化科学发展指南
住房和城乡建设部城市建设司　编著
*
中国建筑工业出版社出版、发行（北京海淀三里河路9号）
各地新华书店、建筑书店经销
北京京点图文设计有限公司制版
北京顺诚彩色印刷有限公司印刷
*
开本：787×1092毫米　1/16　印张：16　字数：380千字
2017年9月第一版　2017年9月第一次印刷
定价：**168.00** 元
ISBN 978-7-112-21242-2
　　　（30890）